人を幸せにする食品ビジネス学入門

第2版

日本大学食品ビジネス学科● 編著

Ohmsha

執筆者一覧（講義順）

佐藤　奨平	日本大学専任講師	博士（生物資源科学）	第 1 講
木島　　実	日本大学元教授	博士（農学）	第 2 講
久保田裕美	日本大学准教授	博士（農学）	第 3 講
阿久根優子	日本大学准教授	博士（学術）	第 4 講
*若林　素子	日本大学教授	博士（理学）	第 5 講
谷米　温子	日本大学准教授	博士（学術）	第 6 講
大石　敦志	日本大学教授	博士（農学）	第 7 講
下渡　敏治	日本大学名誉教授	農学博士	第 8 講、オリエンテーション
*川手　督也	日本大学教授	博士（農学）	第 9 講
片上　敏喜	日本大学専任講師	博士（農学）	第 10 講
*高橋　　巌	日本大学教授	博士（農学）	第 11 講
宮部　和幸	日本大学教授	博士（農学）	第 12 講、おわりに
*小野　　洋	日本大学教授	博士（農学）	第 13 講
友田　滋夫	日本大学准教授	博士（農学）	第 14 講
清水　友里	日本大学専任講師	博士（学術）	第 15 講
*清水みゆき	日本大学教授	博士（農学）	第 16 講、まえがき、オリエンテーション

（*編集委員）

イラスト　日本大学藝術学部卒業生 N.K

まえがき

第２版にあたり

本書は、現代の「食」を理解するための基礎的な知識を「食品ビジネス学」という視点から取りまとめたものです。「食」は、毎日欠かせないものですが、あって当たり前すぎて、じつはちょっと知っていたら「お得」、という知識が意外と知られていません。ビジネスにはこの「お得」感は大切ですが、そんな知識をもつことで「食」の世界に興味をもってほしい、そして毎日必要だからこそ、この先も持続可能な食の世界についていっしょに考えてほしい、そんな期待をもって2016（平成28）年に初版を出版しました。それから５年が経過しましたが、わずか５年の間にも「食」の世界には大きな変化がありました。

自然環境に左右されて生産される農産物は、環境問題に敏感であることが実感され、地球温暖化や生物多様性といった問題への対応がますます急がれています。持続可能な発展をめざすSDGsへの取り組みが浸透するほどに、飢餓人口や食品ロスへの対応も迫られています。過去60年ほどの間に、私たちの食生活は驚くほど大きく変化し、初版ではそれを意識した内容を心掛けていましたが、そうした食生活の変化は、時を経るごとにアクセルが掛かっているな、と思わせるこのごろです。

本書は、急速に変化する現代の「食」がたどってきた長い道のりを振り返りながら、欧米型の食生活への変化、さらにはより便利さを求めて至る今日の「食」と、そこでのさまざまな課題の説明を中心にすえて取りまとめました。

私たちの毎日の生活に欠かせない食べ物は、まず農林漁業の第一次産業によって生産され、農山漁村で生産された農林水産物は食品工場や外食業に運ばれ、そこで加工食品や外食に加工・調理された後、スーパーマーケットやコンビニエンスストアなどの流通業者、レストラン、ファストフード店などのフードサービスを通じて私たち消費者に届けられています。かつては生鮮食品を家庭で調理する「家庭内食」が中心でしたが、今ではこうした多くの業者を含んで「食」が形成され、その流れはフードシステムあるいはフードチェーンと呼ばれています。持続的な「食」

を確保するためには、食料生産の源流である農場から食卓まで、さらには食卓以降の廃棄物までも含めたシステムを全体的に学ぶことが重要になっています。

本書は、「便利に楽しく豊かに」「食の多様なあり方」「持続可能な食のために」の3つのテーマから成り立っています。最初のテーマ「便利に楽しく豊かに」では、「食の外部化」により、家庭の外からもたらされる便利な食品の誕生過程やしくみを知ることができます（第1講～第6講）。2つめのテーマ「食の多様なあり方」は、便利という価値観にとどまらず、豊かになった消費者が自分にとっての心地よさをを求めた場合、食の世界にどんな可能性が広がるのか、有機農業、バイオ燃料、スローフード、フードツーリズム、農村の魅力発見などの展開を取り上げ、さらにファストフード発祥の国アメリカの現状、飢餓にあえぐインドの食の現状にも言及しました（第7講～第13講）。3つめのテーマ「持続可能な食のために」では、情報過多といわれる現代社会において「食」を選択する消費者が置かれている現状、そしてSDGsがめざす世界と、消費者が自らの食べ物を自立的に選択することの関わりについて考えてみました（第14講～第16講）。

多くの読者は、はじめて目にする専門用語や、食がたどってきた紆余曲折に満ちた長い歴史にとまどいを感じるかも知れません。本書では、「食」の問題をできるだけ身近に感じるために、説明はできるだけ平易にし、イラストや写真を多く用い、また日本大学食品ビジネス学科で行なっているPBL（Problem - based Learning）の実践例もコラムとして挿入するなど、豊かで持続的な食の世界の希求が人を幸せにすることをイメージしやすくなるように心掛けました。

本書のタイトルを「人を幸せにする　食品ビジネス学入門」にした理由もそこにあります。こうした試みがどこまで成功しているか、本書の内容がそれにふさわしいものになっているかどうか、読者の方々の忌憚のない叱正と批判をいただきたいと存じます。

最後に、本書イラストの作成に協力いただいた、日本大学藝術学部デザイン学科卒業生に心から感謝いたします。

2021年6月

日本大学食品ビジネス学科

「人を幸せにする　食品ビジネス学入門」編集委員会

人を幸せにする食品ビジネス学入門

目次

オリエンテーション

「食」の変遷と近未来の「食」を考える

第I編 便利に楽しく豊かに—社会の変化とともに

第1講 食生活を変えたうま味調味料

簡便化の実現と今後のゆくえ

第2講　即席麺登場

その発想の原点を探る

第3講　ファストでコンビニエンスな食生活

時間は金なり？

第4講　海の向こうからやって来る

ビジネスパートナーはどこ？

人を幸せにする食品ビジネス学入門

オリエンテーション

「食」の変遷と近未来の「食」を考える

本書でいっしょに考えたいこと

この半世紀の間に私たち日本人の「食」は驚くほど大きく変化しました。みなさんの祖父母の時代、食生活は和食を中心とした「一汁一菜」が基本でした。ところが、現代の私たちの食生活は、パンやパスタ、ハンバーガーなどを主体にした「欧米型」に、さらに「無国籍料理」（複数の国の料理が日本型に改変されているという意味）が並存する食生活に変化しています。

また、私たちの日常の食事の摂り方も、家族で食卓を囲んだ家族だんらん型の食スタイルから、家族がそれぞれ異なったメニューや個々に食事を摂る個食化（孤食化）へと変化しています。戦前から戦後の日本では食料が不足し、ごはん（コメ）ですら満足に食べられない食糧難の時代が長く続きました。しかし、昨今の日本ではコメあまりが深刻な問題になっています。驚くべき変化といえます。

さらに戦前と戦後とでは、日本人の価値観やライフスタイルも大きく変化しました。かつて、日本には「ハレ」（あらたまった特別な日）と「ケ」（日常、ふだんの日）という考え方や風習があって、「ハレ」の日と「ケ」の日とでは食事の内容も大きく異なっていました。しかし、現在の私たちの食生活は「ハレ」と「ケ」の区別がつきにくくなっています。

私たち日本人の食事の原型は、大陸から稲作文化が伝わって日本に農耕社会が形成された縄文時代や弥生時代に誕生したものと考えられています。だとすると、今の食事は数千年にもおよぶ過去の歴史なしには生まれなかった、ありえなかったといえます。今の食生活の原型は、

数千年前のはるか昔に私たちの先祖によって作られたものです。数千年におよぶ「食」の歴史なしには現在の「食」はなく、過去の「食」なしには未来の「食」もありえないわけです。私たちの「食」は、かつての生きるために食べた「食」の時代から、豊かな「食」へ、楽しむために食べる「食」の時代へと大きく変化しています。

しかしその一方で、国連が持続可能な開発のために、SDGs[*1]と称して17の目標を設定し、その2つめで飢餓の解消を課題とせざるをえないほど、食の世界には「飢餓」と「飽食」が併存しています。

現在の「食」が形成されてきた歴史をたどりつつ、現代のこの豊かな「食」を後世に引き継いでゆくために、私たちが今しなければならないことは何かということについて、みなさんといっしょに考えてみたいと思います。

私たちの「食」はいつどのようにして形作られてきたのか

「食」が文化と呼ばれるまでには、数千年という気の遠くなるような長い時間を要しました。今では「国民食」と呼ばれるようになっている「カレー」が庶民の食卓に上るようになったのは戦後のことですし、ハンバーガー、フライドチキン、ピザといったファストフードが日本に入ってきた歴史は、わずか数十年に過ぎません。『ファストフード国家』の著者エリック・シュローサーは、現代を人類にとっての「食」の第二の転換期とみています。彼は過去40年間の食生活の変化は、過去4万年の変化よりも大きかったと述べています。

1万年前に起こった「農業革命」によって、人類は「狩猟・採取社会」から「農耕社会」に転換しました。それは「古代（文明前）社会」から「文明社会」への転換でもありました。今、私たちは「グローバル社会」という新たな融合社会への転換過程を歩みつつあります。それとともに、私たちの食生活や食文化も大きくその内容や形を変えています。もちろ

---

*1　SDGs（Sustainable Development Goals）：持続可能な発展のために2015年に国連で採択された17の目標。飢餓や貧困の撲滅、資源の保全などを含む。

ん、それは旧来の食文化が崩壊したというわけではありません。むしろそれは、私たちの食生活が、これまで人類が経験してきた「食」とは異質のものへと変化していることを意味しています。だとすれば、現代は人類の食生活の歴史の中でもっとも変化の激しい画期的な時期とみなすことができるのではないでしょうか。

ところで、「食」はそれぞれの風土（土地の気候、気象、地質、地味、地形、景観など）と深く関わっています。哲学者の和辻哲郎[*2]は、風土の違いが「食」の基本的な相違をもたらすと述べています。ちょっと引用してみましょう。

> 食物の生産に最も関係の深いのは風土である。人間は獣肉と魚肉とのいずれを欲するかに従って牧畜か漁業かのいずれかを選んだというわけではない。風土的に牧畜か漁業かが決定せられているゆえに、獣肉か魚肉かが欲せられるに至ったのである。同様に菜食か肉食かを決定したものもまた菜食主義者に見られるようなイデオロギーではなくして風土である。（中略）パンか飯か、ビフテキかさしみか、等々（中略）この料理の様式が一つの民族の永い間の風土的自己了解を表現する。魚貝や海草を食うことは我々の祖先が農業を習得するよりも前からすでに行なっていたことなのである。
>
> 『風土—人間的考察』より

欧米の肉食文化やモンスーン・アジアのコメ食文化、南太平洋のイモ食文化などは、まさにこうした風土の違いから生じたものといえます。風土の違いは、各地の嗜好差の原因にもなっており、北と南で捕獲される魚の種類の違いが、調味料である「醤油」の違いとなって、東（関東）と西（関西）の醤油の味（薄口と濃口）を分けることにもなっています。

「食」という字には、さまざまな解釈があります。いつごろから「食」の字が使われはじめたのかは明らかではありませんが、「穀物が放つ香り」と「集める」を合体させた漢字であることや、その穀物の代表格がコメであることから、コメを集める、高坏（たかつき）に盛っ

---

*2　和辻哲郎（わつじ　てつろう、1889～1960）：日本の哲学者、倫理学者、文化史家、日本思想史家。

て食物を食べる、たくさんのものを集めて注意深く「口」に入れるといったように、「集める」「盛る」「口にいれる」などの解釈があることからも、「食」という字がいつの時代からか、「食料」「食物」「食事」などを現す文字として使われるようになったのでなないかと考えられます。

おそらく古代の人々にとって「食物」を口にするということは私たち現代人には想像もつかないほど「大切な営み」であったに違いありません。ありあまるほど豊富な食料に囲まれて生活している私たち現代人は、とかく「食料」「食物」の重要性やありがたみを忘れがちですが、つい一昔前まで「食」は人間が生きるための命懸けの営みのひとつだったのです。しかし豊かさとともにいつしか「食」は人々が生活を楽しむための手段に変化していきました。「口福」（こうふく）という言葉があるように、「食」には人々を幸せにする多くの要素が含まれています。

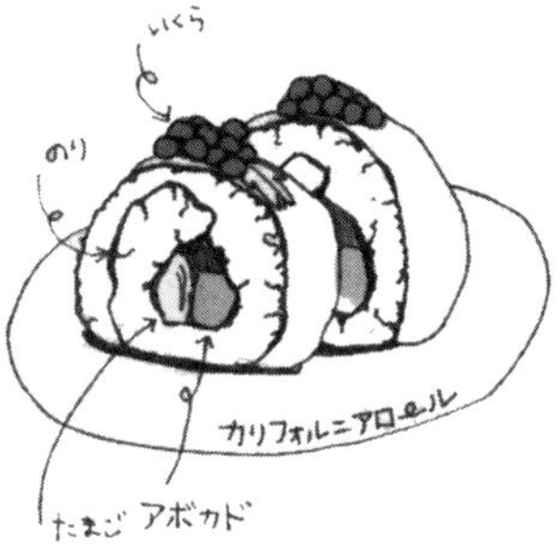

また、現代はあらゆる「食」が国境を越えて異質な食文化と融合してゆく時代でもあります。異なった食文化が混じり合う、融合することによって新たなフュージョン（Fusion）料理が次々に生まれています。日本食は、とくにそうした傾向が顕著に見られる料理のひとつです。

地球規模の新たな「食」の創造をめざして

私たち人類の祖先は、「狩猟・採集社会」から農民が自然と直接向き合いながら食料を生産していた「農耕社会」（Agrinature）に転換し、その後、肥料や農薬、農機具といった近代的な生産材を利用した食料生産の時代「農業社会」（Agriculture）に移行しました。20 世紀の半ばになると、企業経営と同じように大規模かつ高度な技術を用いて、食料の生産や加工を行う**アグリビジネス**（Agribusiness）の時代に移っていきました。そして現在、私たちは**フードビジネス**（Food - Business）という新たな「食」の時代を迎えています。

社会の変化や時代の変遷とともに、食料の流通も生産者から流通業者を経て直接消費者に食料が届けられた時代から、食料が生産者から流通業者を経て加工業者（一次加工、二次加工）や卸・小売業者、さらには外食産業などのフードサービス産業を経て私たち消費者の口に入るようになり、食料の供給体制（**フードシステム**）はより高度化し、迂回化し、グローバル化しています。農場から食卓までの距離が大きく広がったことによって、いまではこれらの食料が、いつ、どこで、誰が、どのような方法で作られたものであるかが見えにくくなっています。

2050 年の地球人口は、現在の 72 億人から 97 億人に増加すると予測されています。その一方で、気候変動や環境汚染、森林破壊などによって食料を生産するために必要な農地が減り続けています。すでに 40 の国々では最低限必要な水の利用さえままならない状態が起きており、人口増加に見合うだけの十分な量の食料を確保できない危険性が高まっています。コトラー[*3]は、せまりくる食料危機を乗り越えるには、環境負荷を減らすための費用負担、持続可能性が経済的にみても十分に採算の取れるものであることを、生産者や企業が認識すべきだと述べています。

また、1972 年に出版された「ローマクラブ」の「成長の限界」[*4]のシナリオを再検証したデニス・メドウスらの 10 のシナリオによると、このままの状態で消費が増え続けると、将来、それを支えられるだけの地球の積載能力の限界を超えることを明らかにしています。こうした地球の危機に対して警鐘を鳴らす経済学者も少なくありません。ローマクラブの執行役員であるチャンドラン・ネルーは「現在の消費志向の資本主義は一部の人に利益をもたらすだけで、長期的にはすべての人を不幸にするだけである。消費志向の西欧型の発展モデルは、今後ますます森林や水資源や土壌や漁業に与える損害を加速するだろう。現在の消費志向の経済モデルは、アジア新興国にとって健全な経済システムとはいえない」と述べています。みなさんはどう思いますか。

先進国の消費者が必要以上の食料を大量に消費し続けた結果、世界のそして私たちの「食」

[*3] フィリップ・コトラー（Philip Kotoler、1931 ～）：アメリカ合衆国の経営学者。ノースウェスタン大学ケロッグスクール教授。『ジャーナル・オブ・マーケティング』誌の年間最優秀論文に贈られる「アルファ・カッパ・サイ賞」を 3 度受賞。

[*4] ローマクラブの成長の限界：ローマクラブはスイスにある民間の研究所。その委託を受けてマサチューセッツ工科大学が研究した成果が「成長の限界」。このまま幾何級数的に人口や工業投資が増加すると、あと 100 年ほどで資源の枯渇や環境汚染で成長が止まるとする。

を取り巻く環境が悪化し、食料不安が拡大していることは事実です。では、どうすればいいのでしょうか。

社会科学と自然科学からのアプローチ

そこで私たち食品ビジネス学科の教員は、社会科学と自然（食品）科学の手法を駆使して、この複雑に入り込んだ現代の「食」の姿を描き出すことに挑戦してみることにしました。現代の「食」が地球規模で非常な勢いで変化していることはまちがいありません。私たちは身近にある日本の「食」といくつかの国の「食」を手がかりに、「食」とは何か、大きく変化（変容）する現代の「食」の成り立ちと、近未来の「食」のあり方を探ってみました。

本書の構成

本書には、3つの大きなテーマと特徴があります。1つめは**便利に楽しく豊かに**がテーマです。ここではまず、私たちが便利に食べるための食品の生産を担っている食品メーカーについて、調理時間の大幅な削減を可能にした調味料（第**1**講）と、便利な食品の代表ともいえる即席麺（第**2**講）に焦点をあてて、それがどのように発明（開発）され普及していったのか、それぞれの過程とそれらが食生活の変化にどう貢献したかについて解説します。

戦後の食生活にとりわけインパクトを与えたのがファストフードやコンビニエンスストアです（第**3**講）。今では世界中の主な都市のいたるところで目にするマクドナルドの看板ですが、マクドナルドは世界の食文化をどのように変えたのでしょうか。はたして、マクドナルドは世界の「食」を便利で豊かにしたのでしょうか。それとも、ベルトコンベヤーシステムによって画一化した「食」を大量により安く世界の消費者に提供するというビジネスモデルを確立しただけなのでしょうか。

また、私たちの「食」は世界中の「食」と結びつくようになりました。ここでは新たに貿易の講義が加わりました（第**4**講）。貿易というビジネスはどのように成立するのか学びます。さらに食べ物に欠かせない香りです。「香り」はどのように「食」ビジネスに活かされているのでしょうか。その実態を解き明かします（第**5**講）。そして、現在の日本が直面している超高齢社会の下で「食」にどのような変化が起きているのか、現代社会に求められる「食」とはどのようなものなのか。

高齢者向けに、どのような「食」が開発されているのかについて解説します（第6講）。

2つめのテーマは**食の多様なあり方**です。便利で豊かな食生活の一方で、そうした調理時間の短縮などとはベクトルの異なる食のあり方を求める動きを紹介します。

まず、ファストフードや冷凍食品、コカコーラに象徴されるアメリカ発の「食」を取り上げて、便利な食の実態を探ってみたいと思います（第7講）。アメリカの「食」の対極に位置するのがインドの「食」です。インドの人々はアメリカとはまったく異なる価値観や社会環境の中で生きています。インドの食生活とは、どのようなものでしょうか。少ない食料で生きているインドの人々の食生活から学ぶべきことはないのでしょうか。この講義は、近未来の「食」のあり方について、みなさんとともに考える問題提起の講義でもあります（第8講）。

また、ファストフードの対極にあるのが「スローフード」です。イタリアのピエモンテ州ブラという、小さな町で始まった伝統と歴史と食文化を育むスローフード運動は、今や世界中に広がっています。しかし、日本では多様な産地と生産者を保護し、旬や食の行事を大切にするスローフード運動が十分に浸透していないように思われます。真に豊かな「食」とはどのようなものなのか、イタリアの事例について考えます（第9講）。

次に、私たちの豊かな「食」のもとになる多様な食材を生産し、供給しているのが農村です。その農山魚村や食品工場などの現場を訪問し、食がたどってきた歴史に学び、伝統食や地方食を体験する「フードツーリズム」が静かなブームになっています。「フードツーリズム」とは、いったいどのようなものでしょうか。具体的な事例をもとにフードツーリズムの実態とその楽しみ方を提案します（第10講）。また、安全に、そしておいしく食べるために注目されている有機農産物にスポットをあてて解説します。化学肥料や農薬を使用しないで生産されるのが有機農産物です。日本では、どのくらいの有機農産物が作られているのでしょうか。その実態にせまります（第11講）。

私たちがこうした多様な「食」にふれることができるのは、日本独自の気候風土に育まれて「食」の生産を担っている農村の存在なしにはありえません。その農村がもつ重要な役割について解説します（第12講）。さらに、

農産物は食用としてだけでなく、地球温暖化の原因になっている二酸化炭素の排出量を減らすために、燃料としても使用されるようになっています。多様性に富んだ展開のきわめつけとして、食べるため以外の新たな「食料」の役割と課題について解説します（第**13**講）。

３つめのテーマは**持続可能な食のために**です。便利で豊かな食生活、さらに多様な食生活へと変化してきた私たちの食が、これからもその豊かさを維持していくことができるのか、そこでの消費者の役割について考えます。消費者が食品を選択する際の目安として、食品表示があります。近年、日本で頻発している食品の偽装表示の問題について、なぜ偽装表示が起きるのか、その原因を経済学の視点から解き明かします（第**14**講）。

また、子どものころからマクドナルドに象徴されるファストフードをごく当たり前に食べ続けてきた高校生の考える「食」とは、どのようなものなのでしょうか。食育基本法の意義とあわせて、家庭でしつけられてきた「食」を、学校教育の場で、さらには社会教育としても生涯学び続けることの意味について考えます（第**15**講）。グローバル化した今日、食料輸入大国である日本では、世界中の食材や食品を容易に手にすることができます。私たちの食卓は、広く世界と繋がっています。近年、国連が目標として掲げているSDGsが、よく話題になっています。誰もが持続可能な開発という社会を構築するために、あらためて真に豊かな「食」とは何なのか、「飽食」の結果、生み出される膨大な量の「食品ロス」をテーマに、これからの食を形作っていく主体としての、消費者のあり方について考えます（第**16**講）。

2021年現在、世界は新型コロナウイルスの蔓延により、食の世界もさらに大きな変化を余儀なくされています。「共食」の自粛で、外食産業は利用者が激減し、外食産業に食材を供給していた事業者や農家も販売先の変更を余儀なくされています。しかし、人間はそれでも健康を維持・向上させるために食べなければなりません。食べると

いう行為は生きている以上、生活から切り離すことができない大切な営みなのです。

本書では、人間が豊かに食べるために、農業や食品産業がどのような役割や努力を積み重ねてきたのかを知ることができます。社会に、どんな事態が起きようとも、農業や食品企業は私たちの食を支えてくれているのです。そういう意味で、食品ビジネスは生命維持産業ともいえるでしょう。

SDGsが掲げる17の目標の第2番目は「飢餓に終止符を打ち、食料の安定確保と栄養状態の改善を達成するとともに持続可能な農業を推進する」としています。私たち消費者はSDGsの実現に向けてどのような取組みをすればよいのでしょう。おそらく、その方向性は私たちひとりひとりにゆだねられているのではないでしょうか。さあ、未来の食についていっしょに考えましょう。

（下渡敏治・清水みゆき）

〔課題〕

1. みなさんの両親が子どものころ、日常的には主にどんな食事内容だったかを聞き、現在の自分のメニューと比較してみましょう。
2. またその中でも大好きな食べ物についても比較してみましょう。どんな違いがありましたか。

もっと知りたい人への〔推薦図書〕

1. **ラジ・パテル著、佐久間智子訳『肥満と飢餓 ― 世界フード・ビジネスの不幸のシステム』作品社、2010年**

   豊かさと貧しさがなぜ同居するのかの実態がわかる。
2. **ジャック・アタリ著、林昌宏訳『食の歴史 ― 人類はこれまで何を食べてきたのか』プレジデント社、2020年**

   人類はこれまで何を食べてきたのかを踏まえて未来を予測することで、政治、社会、文化がわかる。

第 I 編

便利に楽しく豊かに

社会の変化とともに

第Ⅰ編

便利に楽しく豊かに―社会の変化とともに

第1講 食生活を変えたうま味調味料

簡便化の実現と今後のゆくえ

おいしさと健康

まずはじめは、日本食の味覚のベースである**うま味**のお話です。食品企業にとって重要なのは、おいしい食品の提供と、おいしい食品を通じて消費者の健康に貢献することです。では、「おいしく食べて健康に貢献する」という考え方は、どのように見出されたのでしょう。それは、**うま味調味料**を発明した日本人研究者 **池田菊苗**（きくなえ）によって提唱されました。

この講義では、「おいしく食べて健康に貢献する」との理想を追い求めた池田菊苗の人物像を振り返ったのち、うま味調味料の製品化から、現在の普及に至るまでのビジネス展開についてみていきましょう。

新分野の開拓者、池田菊苗

池田菊苗（写真**1･1**）は、18歳のときに、家族がお花見へ出かけている隙に、自分の布団を旅費に換えて大阪から上京しました。1882年、東京大学予備門に入学した菊苗は、成績優秀のため、学費を奨学金で賄うことができました。菊苗は生活費を稼ぐために、1885年に予備門理科を卒業するまで、英語教師のアルバイトや英文翻訳の仕事を続けました。在学中は英語で授業を受け、試験の答案も英語で書きました。

写真1･1　池田菊苗

資料：味の素（株）提供

1889年に大学を卒業し、研究者の道を歩み始めます。まず指導教授である桜井錠二との出会いが、菊苗の人生を変えました。桜井は、物理化学という当時の新分野を開拓すべき人材に菊苗を指名し、菊苗は文部省海外留学生として欧州に派遣されます。

菊苗は、まずドイツに留学し、ライプツィヒ大学のオストワルド教授（ノーベル化学賞受賞者）のもとで物理化学を研究しました。実学重視のロンドン大学への留学経験がある桜井教授は、かねてより化学の成果が事業へ結びつくべきことを主張していました。こうした桜井の主張を自分の目で確認することも、菊苗の欧州留学の目的でした。ドイツでは、化学の新知見を企業が採用してビジネスを行うしくみがありました。菊苗は、食品ビジネス学が追求する「文理融合」の視点から、研究成果を産業分野へ応用して社会に貢献する重要性を学びました。

うま味研究の着想とうま味調味料の製品化

夏目漱石とも交流したイギリス留学を経て 1901 年に帰国した菊苗は、37 歳にして東京帝国大学教授に就任しました。そのころ、菊苗の関心は昆布のうま味の正体の解明へと移りました。菊苗は、1907 年に夫人が買ってきた一束の昆布から、おいしい味を呈する成分の正体を人工的に作ることを着想しました。では、なぜ昆布なのか。それは、感受性の豊かな幼・少年期に菊苗の過ごした京阪地方が、発達した昆布食文化をもっていることに関係があると私は考えています。しかも、父春苗の仕えていた薩摩藩は、琉球を通じて清国と昆布貿易を行っていました。菊苗の食生活は、京阪の昆布を用いる料理をおおいに受容していたのです。そのなかで菊苗が、おいしさの正体である「うま味」についての問題意識をもつようになったと考えられます。

当時、味覚についての議論の主流は、ドイツの心理学者**ヘニング**（Henning）の四原味説にしたがっていました。この四原味説とは、すべての味は、塩味、甘味、酸味、苦味という 4 つの原味（基本味）の組み合わせ（味の四面体）で説明できるというものでした（図 **1·1**）。しかし、菊苗は、昆布のだしにはヘニングによる味の四原味説とはまったく別の、独立した基本味が存在するとの仮説を立てました。そして、菊苗は、東京帝国大学の三宅秀（ひいず）教授が提唱していたとされる「佳味（かみ）が食物の消化を促進する」との説をもとに、国民の栄養不良を改善するために、うま味成分を調味料として製造し、滋養のある粗食を美味に変える研究を

図 1·1　味の四面体

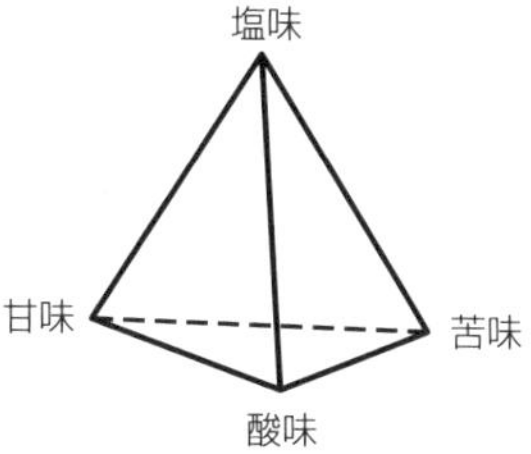

進めることにしました。菊苗のうま味研究は、「おいしく食べて健康に貢献する」を具現化するための挑戦でした。

写真 **1·2**　二代鈴木三郎助

資料：味の素（株）提供

1908 年 2 月、菊苗は合資会社鈴木製薬所の**二代鈴木三郎助**（写真 **1·2**）と知り合いました。鈴木製薬所は、海藻から医薬品や殺菌剤の原料であるヨードを製造する企業でした。三郎助は、菊苗が昆布について実験していることを知り、家業のヨード製造に関係があるかもしれないと考え、菊苗の研究室を訪問しましたが、研究内容はヨードとはまったく関係ない「うま味」についてのものですから、三郎助の思惑は外れてしまいます。一方、菊苗らが試行と失敗を繰り返した結果、3 月に実験は目標を達成し、うま味の正体が**グルタミン酸ナトリウム**（以下、MSG と略記）であることを解明しました。グルタミン酸はそれ自体としてはうま味がありませんが、酸と塩基がイオン結合し、MSG となることでうま味を呈します。4 月に菊苗は「グルタミン酸塩を主要成分とせる調味料製造法」の特許出願を行いました。菊苗はこの製法をもとに「うま味調味料」を事業化するために実業界の各方面に働きかけましたが、前例がないこともあって、相手にしてもらえなかったのです。

8 月に菊苗は、以前研究室を訪問してくれた三郎助に事業化を依頼しました。しかし、三郎助にも、既存の設備で事業化できるか、製品が消費者に受け入れられるか、原料をどうするかなどの不安があり、菊苗からの依頼に対しては慎重でした。三郎助は、まず著名人にうま味調味料のサンプルを試供し、意見を求めました。すると、人気小説『食道楽』の著者 村井弦斎が、うま味調味料を高く評価してくれたのです。これで三郎助は自信をもちました。さっそく 9 月に菊苗との特許権の契約を進め、鈴木家はヨード事業のかたわらで、世界初のうま味調味料の製造・販売に乗り出すことになり、この製品を「味の素」（写真 **1·3**）と命名しました。菊苗

写真 **1·3**　発売当初の「味の素」

資料：味の素（株）提供

と三郎助が出会って1年も経たないうちに、新たな食品ビジネスが誕生しました。菊苗と三郎助の取り組みは、日本における**産学連携**創始期の事例のひとつです。

積極的なマーケティング活動の展開

1909年に鈴木家は、第1回発明品博覧会にうま味調味料「味の素」を出品し、銅牌を受賞しました。これが大きな自信となり、発売が開始されました。商才に恵まれた三郎助は、並々ならぬ工夫と努力によって、販売ルートを構築していきました。とくに注目できるのが、広告と販売促進活動です。当時のチラシには次のようにあります。

- 味の素は鰹節や昆布の様な手数が入らず価も安くて美味い上に穀物から精製したものですからお精進にもよろしうございます
- 味の素の主成分は蛋白質でして肉エキスなどよりも滋養に富んで居りますから子達や病人の食物に加味してまた妙です
- 味の素は変敗変味する様なことはありませんから一般家庭用料理屋うどん屋向としては勿論旅行家の必要品であります

このチラシの文面から、うま味調味料が、鰹節や昆布からだしをとる手間を省き、そのうえ栄養があり、腐りにくく味が変わることがないため、持ち運びにも適した便利な製品であることをアピールしていることがわかります。実際にうま味調味料は、塩や砂糖と同様に、長期間保存でも品質が変化しないため、賞味期限の表示を省略していいことになっています。

当時の三郎助は、新聞広告の宣伝効果の大きさを知っていました。三郎助はそのことを長男の三郎に話し、三郎は新聞社の広告課長を訪ねて宣伝広告について教えを請い、新聞広告で宣伝活動を行いました。文もデザインも、すべて三郎が考案しました。それから三郎は、多くの客が集まる料理屋、旅館、蕎麦屋などを訪問し、「味の素」の使用を頼んで回りました。統計の整備が不十分な時代でしたが、三郎は販売目標を策定するために、人口、映画館数、人力車数、芸者数を参考にして、地域経済・生活レベルを推計していました。

このように鈴木家は、自分たちのネットワークを活かして**マーケットリサーチ**を行い、販売ルートを積極的に開拓しました。

三郎助らのマーケティング活動は、その後の積極的な多角化や国際化による事業拡張への原動力となり、現在の味の素株式会社の発展につながります。

うま味調味料による「だし」のうま味の簡便化

うま味調味料は、醤油、即席麺、カニカマなどと同様に**日本発世界食品**として、日本のみならず海外の食卓にも大きな変化をもたらしました。こうした「新しいもの」や「新しいこと」は、人間である**企業者**の主体的な意思決定と行動により創造され、経済学や経営学では**イノベーション**（Innovation）といわれます。J.A.シュムペーターは『経済発展の理論』（1912年）で、イノベーションの概念を提示しました（表**1･1**）。

表1･1　イノベーションの５類型

①	新しい財貨
②	新しい生産方法
③	新しい販路の開拓
④	原料あるいは半製品の新しい供給源の獲得
⑤	新しい組織の実現

シュムペーターの有名な「馬車を何台つないでも汽車にはならない」との言葉は、イノベーションの本質をとらえています。つまりイノベーションとは、慣行や既成概念にとらわれず、社会的に意義のある新たな価値を創造し、社会に大きな変化をもたらすことです。うま味調味料のイノベーションは、それまで手間をかけて鍋で昆布を煮出して「だし」をとっていた手間を省くなど、食生活の簡便化志向に対応しました（図**1･2**）。

図1･2　うま味調味料のイノベーション

イノベーションは、マーケティングとともに、ビジネスにおける「車の両輪」といわれる重要な機能です。先述の池田菊苗や二代鈴木三郎助らの**企業者活動**は、食品ビジネスの推進力となる「車の両輪」の好例です。うま味調味料「味の素」の製品化にみるイノベーションは、表**1･2**のとおり整理することができます。新製品、

表 1·2　うま味調味料「味の素」製品化にみるイノベーション

①　新しい財貨	新製品 MSG「味の素」
②　新しい生産方法	新製法「分解抽出法」の開発
③　新しい販路の開拓	営業・宣伝活動による新たな販売ルートの開拓
④　新しい原料の獲得	昆布ではなく小麦グルテンなどの原料を利用
⑤　新しい組織の実現	うま味調味料産業の独占形成

新製法、新販路開拓、新原料獲得、新組織実現、こうした諸革新の結合が、「味の素」の生成と発展をもたらしたのです。

池田菊苗が発明した製法は、グルタミン酸を多く含む小麦グルテンなどのタンパク質を塩酸で加水分解する**分解抽出法**と呼ばれるものでしたが、その後、約半世紀の間、分解抽出法により製造を継続するなかでは、さまざまな課題が出現しました。第 1 は原料問題です。第二次世界大戦後、小麦粉などの原料は輸入に頼っていました。第 2 は設備の腐食問題です。分解抽出法では強酸を使用することから、工場の設備がすぐにぼろぼろになってしまい、設備を定期的に更新しなければなりませんでした。第 3 は製造工程の効率化です。オートメーション化などにより、もっと効率を上げることが必要でした。そして、第 4 は副産物問題です。分解抽出法で製造すると、工程の途中でデンプンなどの副産物が出てきてしまいました。これらの課題に直面する戦後のうま味調味料産業は、課題解決に向けて新製法の開発を目指しました。

こうした状況のなか、1956 年に協和発酵工業株式会社が、画期的な新製法**アミノ酸発酵法**を発明しました。従来の塩酸を用いるのではなく、微生物によってグルタミン酸を製造するまったく新しい方法であり、上記の 4 つの課題の克服に寄与しました。アミノ酸発酵法は、Corynebacterium Glutamicum という微生物に与える栄養を調節することで、グルタミン酸を生成させるという方法です。当時の応用微生物学界では、ありえないと思われていた現象でした。協和発酵は、企業内研究所の組織的研究による新製法の発明で、既成概念から脱却することに成功しました。この背景には、日本の得意とする清酒・味噌・醤油などの醸造技術の蓄積と発達があったことが重要です。その後、この**代謝制御発酵**というメカニズムは、必須アミノ酸であるリジンをはじめ、数々のアミノ酸の発酵生産を可能にしました。うま味調味料の新製法が、新たな科学の世界をも切り拓く、いわば「第 6 のイノベーション」を実現したのです（表 **1·3**）。

アミノ酸発酵法の登場で、うま味調味料の生産コストは大幅に低減し、従来の分

表1·3　うま味調味料新製法「アミノ酸発酵法」にみるイノベーション

①　新しい財貨	従来のMSG
②　新しい生産方法	新製法「アミノ酸発酵法」の開発
③　新しい販路の開拓	協和発酵のうま味調味料業界への新規参入
④　新しい原料の獲得	小麦グルテンではなく糖蜜などの原料を利用
⑤　新しい組織の実現	独占体制打破による他産業からの参入の促進
⑥　新しい科学の創成	アミノ酸発酵科学の創成

解抽出法はアミノ酸発酵法へとほぼ転換し、うま味調味料の供給力は格段に増強されました。同時に、高度経済成長期に多様な加工食品が登場したことで、多くの食品メーカーは加工食品向けの安価なうま味調味料を必要としていました。うま味調味料産業と食品メーカーの両者のwin-winな関係は、うま味調味料のさらなる増産とコスト低下に結びつきました。

図**1·3**で明らかなように、1980年代からうま味調味料は、家庭用向けから業務・加工用向けへとシフトしました。現在、国内で使用されているうま味調味料10万2,000 tのうち、業務・加工用は99,000 t、家庭用は3,000 tです。比率を見ると、業務・加工用が97.1%、家庭用が2.9%であり、30倍以上の開きがあります。現在、うま味調味料は、食品の調味になくてはならない存在になっており、多くの加工食品・中食・外食を通じて消費されています。この実態は、「食の外部化」の内実を示しているといえます。

世界では、毎年335万 tのうま味調味料の需要があります（日刊経済通信社調べ）。日本食や和食への関心の高まりも、うま味調味料の需要を喚起しています。池田菊苗の理想の結晶である「おいしく食べて健康に貢献する」うま味調味料は、現在では“UMAMI Seasonings”として、世界の食の簡便化に貢献しています。

図1·3　うま味調味料の業務・加工用および家庭用の国内需要量の推移

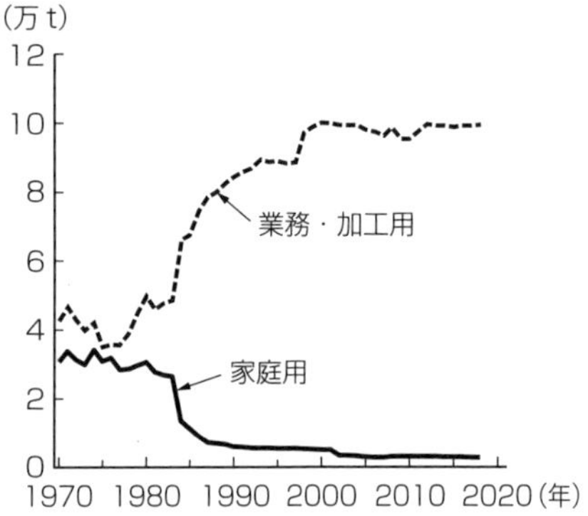

資料：日刊経済通信社調査部編『酒類食品産業の生産・販売シェア ― 需給の動向と価格変動 ―（各隔年度版）』により筆者作成

「簡便・時短」の追求から「ポスト・コロナ」へ

近年の調味料メーカーでは、社会経済やライフスタイルの変化に応じて、「もっと便利に」をコンセプトに、新たな調味料を発売しています。たとえば、**簡便・時短**で、本格料理を自宅で作れる合わせ調味料や小分け袋で１人前から作れる鍋つゆ調味料などの付加価値型商品の購入が年々増えています。

ちなみに、近年のテレワークによる在宅勤務の広がりや外食の縮小・時短営業は、家庭内調理の機会を一気に拡大させ、「簡便・時短」調味料の需要を高めました。しかし他方では、家庭内調理が見直されたことを契機に、「さしすせそ」といわれる基礎調味料を用いた家庭内での手作り調理の需要も回復しつつあります。新型コロナによる長い自粛期間は、これまでの働き方や暮らし方、そして生き方をも見つめ直す契機となりました。そのため、もっと素材にこだわったり、工夫したり、味わったり、楽しんだりする新たな食生活ニーズが広がりつつあります。「簡便・時短」を追求してきた調味料は、今後どのように変化していくでしょうか。**ポスト・コロナ**の調味料のゆくえに注目が集まっています。

（佐藤奨平）

〔課題〕

1. 「おいしく食べて健康に貢献する」食品ビジネスプランを考案してみよう。

2. 気になる食品企業が、どのようなイノベーションとマーケティングで発展を遂げたかについて、社史を用いて調べてみよう。

もっと知りたい人への〔推薦図書〕

1. 上山明博著『「うま味」を発見した男』PHP 研究所、2011 年

池田菊苗の生涯を描いた評伝小説。夏目漱石との交流に注目です！

2. 栗原堅三著『うま味って何だろう』岩波ジュニア新書、2012 年

中高生向けの「うま味」についての入門書。まずは読んでみてください！

● コラム ― 和菓子ビジネスで地方創生

みなさん**和菓子**はお好きですか？　和菓子は、一時期、洋菓子に大きく押されていましたが、独自のおいしさや味わい、見た目の美しさやヘルシーさなどが評価され、見直しが進められてきました。同時に忘れてはいけないのが、和菓子が地域の食文化および食ビジネスの核となっていることです。

食品企業組織論研究室では、栃木県茂木町をフィールドに、和菓子ビジネスのプロジェクト研究に取り組んでいます。人口約１万 2,000 人の町には、６軒もの和菓子屋があります。最盛期には 10 軒にのぼったということです。私たちの研究室では、茂木町の支援をいただきながら、関連する先行研究や統計資料の分析を踏まえつつ、和菓子屋の経営実態調査を行いました。

調査結果の分析・考察をもとに、地元農産物を活かした新商品の開発や２つの**ビジネスプラン**の立案を試みました。和菓子の品質を重視し、原料にこだわりつつ、茂木町の主な施設と関連付け、物語性を盛り込み、和菓子の新たな楽しみ方や「食シーン」を創り出すことを通じて新たな付加価値の創造を目指しました。

和菓子屋の経営実態調査の様子

ビジネスプランの１つめが、キャンプ場での星空観測の魅力を活かした「お菓子流星群 motegi」です。２つめが、サーキット場での利用者や受験生をターゲットにした「すべらない輪菓子」です。この２つのビジネスプランについては、茂木町の和菓子屋や関係者の方々に報告を行い、和菓子ビジネスの展開に取り入れてもらうことになりました。また、全国農業協同組合中央会が協賛する学部学生の農や食に関する研究発表大会のアグリカルチャーコンペティション 2020*で報告を行い、実践的研究分野でブロック優勝を果たしました。

今後は、茂木町の方々とともに、２つのビジネスプランの実現に向けて取り組むこととしています。

（佐藤奨平）

* アグリカルチャーコンペティション参照 URL（2021 年 5 月末現在）。
https://agri.ja-group.jp/agcom/

第2講 即席麺登場

その発想の原点を探る

新食品即席麺へのチャレンジとテレビの普及

うま味調味料もさることながら、日本の食品で簡単・便利とたずねたら、多くの世代から即席麺（インスタントラーメン）の声が上がるのではないでしょうか。

日本が終戦を迎え、10年を経過した1955（昭和30）年、日本政府は国民生活の状況を分析したこの年の『経済白書』に、「もはや戦後ではない」としるし、この時期から始まった高度経済成長は、日本人の食生活に大きな質的転換をおよぼしました。

国民の食生活は「簡便化（いつでも、手軽に）」を強く求めるようになり、その象徴として1953年には「魚肉ソーセージ」の発売、1958年には「チキンラーメン」の発売、1960年には「即席固形カレールー」、「インスタントコーヒー」などが発売されました。とくに日清食品（現 日清食品ホールディングス）の「チキンラーメン」をはじめとした即席袋麺タイプの急速な需要拡大はその典型といえます。

こうした加工食品の登場について、石毛直道は「日本の食品工業が生んだ世界的食品 — インスタントラーメン、醤油、化学調味料 —」、田村眞八郎は「戦後の食生活を変えた象徴的な技術 — 電気釜、インスタントラーメン、冷凍すり身」、大塚滋は「戦後日本の加工食品の二大横綱 — インスタントラーメンと魚肉ソーセージ」と指摘しており、即席麺はイノベーションが生んだ簡便化食品とし評価されています（岸、2005年）。

即席麺類の生産量は、図**2·1**が示すように、1958年の1,000万食から2019年には57億食となり、その製品別内訳は**袋麺タイプ**16億食、**カップ麺タイプ**40億食、**生麺タイプ**1億食となっており、国民1人当たり年間45食を食べていることになります。

さて、即席袋麺タイプの原点である「チキンラーメン」は、蒸し麺にチキンスープを振りかけた味付け麺を油で揚げたものであり、その製法は**麺の油熱乾燥法**と呼

図 2·1　即席麺類の生産量の推移

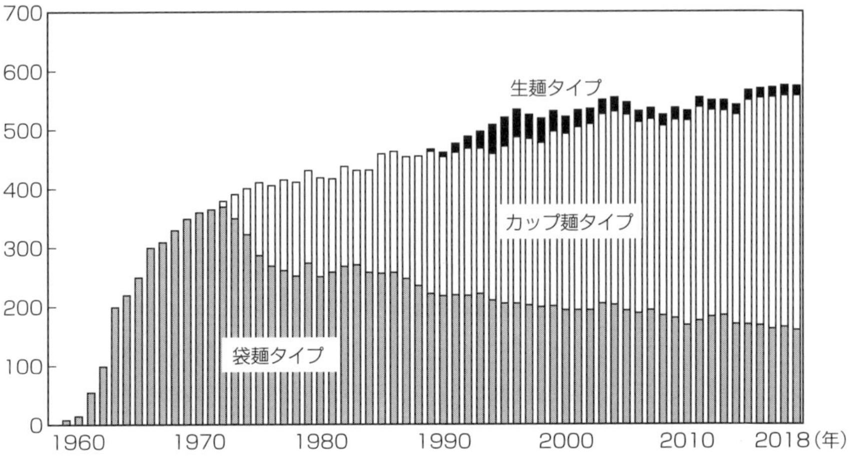

資料：日本即席食品工業協会より

ばれ、麺の太さや製造時に水分や温度を調整することによって 3 分にも 5 分にも調理時間を調整することが可能でした。「チキンラーメン」の発売当時の小売価格は 1 袋 35 円であり、うどん玉 1 つの小売価格は 6 円、ラーメン店のラーメンが 1 杯 40 ～ 50 円で食べられたにもかかわらず、売れ行きは急速に伸びました。

当時、高価格で新規性の高い「チキンラーメン」を、なぜ消費者は購入したのでしょうか。国民が食べることにチャレンジし、爆発的な売れ行きを後押しした時代背景のひとつに、テレビの普及をあげることができます。企業の**テレビ CM**（Commercial Message：以下 CM）が本格化したのは、1953 年の民放テレビ放送の開始以降で、「チキンラーメン」が発売された 1958 年のテレビ普及台数は 100 万台を超え、テレビは次第に強力な広告媒体になりました（中川他、1994）。

日清食品社史には「なによりも日清食品の名を日本全国に知らしめたのは、月額 2,000 万円（1960 年 3 月）を投じてのテレビ CM 戦略であった」（日清社史、1992）とその効果がしるされています。日清食品の 1960 年度における売上高が 15 億

4,500万円であることから、当時の年間売上高の15.5%をCMに投下していたことになります。また、日清食品のテレビ広告を重視したマーケティング戦略は、1964年発行の社内報『みち』の座談会で「…即席麺がマスコミ商品である以上、宣伝を忘れては考えられないので、少し話したいと思うが当初から徹底したマスコミ商品にしようと考えたのですが、そのかわり品質向上を常に高めることと、マスコミの媒体、内容、表現自体が企業と商品のイメージや信用を作りあげるもの…」としるされています。こうして「チキンラーメン」の開発者で日清食品の創業者である**安藤百福**はテレビブームの到来を予測し、新しい商品の訴求は新しい媒体を利用して行おうと考え、CMを重要なマーケティング戦略のひとつとしていたことがわかります。

当時、民放テレビ放送のCMには、自社製品に関する企業ポリシーを反映させることができました。現在のCMのほとんどが数十秒の短編映像に一本化されているのに対し、初期のCMは「一社提供」方式でした。一社提供とは文字通り、1つの番組のCMを1つのスポンサーが担当することを意味します。昭和30年代に入り、日常生活にあふれだした新製品のCMでは、企業と商品イメージを連動させることにより、ブランド力（信用）を訴求した企業ポリシーを付与することが可能でした。現在のように複数のスポンサーが同じ時間帯に相乗りした「共同提供」方式が主流になるのは1972年ごろからでした（高野・難波、2010）。

アイドルの魅力は即席麺の魅力

CMをはじめとした広告は、広告を流す側から考えると、伝えたいことを、伝えたい人々に対して、わかりやすい方法で伝え、理解してもらうために行う**情報伝達媒体**のひとつとして存在しています。近年、情報伝達活動を行う広告媒体は多様化しており、1990年代後半からはインターネット広告費が急速に増大し、2019年にはテレビメディア（地上波テレビ・衛星メディア関連）の1兆8,612億円を超えた2兆1,048億円となっていますが、ここでは高度経済成長期に即席麺業界を含む食品業界の発展を支えてきたテレビ広告の機能について見ることにします。

2019年における食品業界を除く全産業のマスコミ4媒体（新聞・雑誌・ラジオ・地上波テレビ）への広告投入額は2兆599億円であり、その媒体別投入額とその比率は新聞3,877億円（18.8%）、雑誌1,516億円（7.4%）、ラジオ1,093億円（5.3%）、地上波テレビ1兆4,113億円（68.5%）となっています（電通NEWS RELEASE、

2020.3.20)。マスコミ4媒体への広告投入額に占めるテレビ広告費の比率は、食品業界を除いた全産業が68.5%であるのに対して、食品業界は76.4%と8ポイントも高く、食品業界ではテレビを利用した広告が大手食品企業を中心に活発に展開されています。

テレビ広告は、タイムCMとスポットCMに大別することができます。タイムCMとは特定の番組内で広告を流すCMであり、スポットCMとは番組を特定せず定めた時間に広告を流すCMです。放映時間が1回15～30秒程度のスポットCMは、テレビを媒体とした広告の中でその多くを占める1回の放映だけでは消費者の購買行動にまで影響を与える効果は少ないといわれていますが、その放映を何回（何本）も繰り返して行うことによって得られる**広告の累積効果**が期待されており、製品差別化に役立つのです。

製品差別化とは、食品のように実質的に差が小さい、似たような商品の中から自社商品を他社商品と区別するためにユニークなパッケージやネーミングなどを使用することによって、市場での優位性を維持するための戦略です。大手食品企業では製品差別化のひとつの手段として、テレビ広告にアイドルなどのタレントを起用しています。消費者が同一銘柄の商品を繰り返し購入するブランド・ロイヤリティーの向上に貢献する**説得的活動**は、商品情報を消費者に伝える**情報伝達活動**とともに、マーケティング戦略には欠かせません。即席麺のCMでよく目にするアイドルの魅力は、即席麺の魅力をいっそう引き立てる戦略といえます。

見えない技術―即席麺のバラエティ化とイノベーション

即席麺市場では、現在でも年間1,200銘柄以上の製品が発売されています。

袋麺タイプ市場の成長期には、麺の着味方法や、麺のα化（デンプンが糊化した状態になること）の有無、麺の乾燥方法、スープ味、麺の増量などの製品改良で多様な新製品が市場に導入され、即席麺のバラエティ化が進みました。その後、1971年の「カップヌードル」の発売に始まるカップ麺タイプ市場の成長期には、地域的嗜好に対応した地域限定製品の開発や具材の多様化が進み、高価格・高級化麺、健康食品志向製品、容器の多様化、ブーム製品（辛口味即席麺）なども発売され、消費者ニーズの多様化に対応した**市場細分化戦略**を展開してきました。

表 **2･1** は日清食品の「チキンラーメン」発売以来、主な新製品の発売時期と発売元企業名（当時）、商品特性などを示しています。これを見ると、即席麺市場における製品多様化の進展を知ることができます。これらの製品の中には、現在までロングセラー製品として即席麺市場において、個性的なポジショニングを確保している製品も多く含まれています。

また、即席麺カテゴリー別（袋麺タイプ、カップ麺タイプ、生麺タイプ）の市場形成をもたらした商品もいくつか含まれています。たとえば、「チキンラーメン」と「カップヌードル」は、袋麺とカップ麺の源流となる製品であり、カテゴリー別市場を牽引してきた製品です。さらに麺の製法は、すでに紹介した油熱乾燥法のほ

表 2･1　即席麺類市場における製品多様化と主な製品

発売年次	ブランド名	発売元	製品特徴
1958. 8	チキンラーメン	日清	味付けタイプ麺
1959.11	マルタイラーメン	泰明	棒状ラーメン
1960. 1	明星味付けラーメン	明星	味付けタイプ麺
1962. 4	支那筍入明星ラーメン	明星	スープ別添タイプとシナチク（メンマ）入
1963. 7	日清焼きそば	日清	焼きそば
8	マルちゃんのたぬきそば	東洋	和風麺（和風味スープ）
8	即席ワンタンメン	エース	ワンタン入り
1964. 8	長崎タンメン	サンヨー	タンメン
1967.10	駅前ラーメン	エース	麺質の増量製品（85 g から 100 g）
1968. 2	出前一丁	日清	液体パック（ごまラー油）添付
9	サッポロ柳麺	ダイヤ	ノンフライ麺（α 化麺：非油揚げ）
1971. 9	カップヌードル	日清	スナック麺（容器入り）
1976. 5	日清焼きそばUFO	日清	皿型容器入り、湯切り法採用スナック麺
8	日清どん兵衛きつね	日清	どんぶり型容器入りスナック麺
1981. 3	中華飯店シリーズ	明星	高級袋麺（麺とレトルト包装具材）
10	中華三昧シリーズ	明星	高級袋麺
1986.	ホームラン軒	カネボウ	ノンフライカップ麺
1988. 7	スーパーカップシリーズ	エース	麺量 1.5 倍スナック麺
1992. 9	日清ラ王（ラーメン）	日清	生タイプカップ麺
2011.11	マルちゃん正麺	東洋	生麺うまいまま製法

注：以下、発売元企業名（当時）の正式名称。
　日清：日清食品、泰明：マルタイ泰明堂、エース：エースコック、明星：明星食品、東洋：東洋水産、サンヨー：サンヨー食品、ダイヤ：ダイヤ食品、カネボウ：カネボウフーズ
出典：木島実『食品企業の発展と企業者活動』1999 年に、筆者が加筆修正した。

かに熱風乾燥法（ノンフライ麺）が開発され、それまでとは異なった麺の食感を楽しむことができるようになりました。この表から、即席麺業界で起きたカテゴリー創造型のイノベーションと微細な工夫を加えた製法イノベーションの歴史を俯瞰することができ、また即席麺業界のパイオニア企業である日清食品とライバル企業が飽くなき製品開発・品質改良を追求したプロセスを読み取ることができます。

失敗から誕生したスープ別添袋麺

「チキンラーメン」の製法がチキンスープを蒸し麺に振りかけ、油で揚げた味付け即席麺であることはすでにお話しました。明星食品は1950年に設立された製麺企業（現 日清食品ホールディングスのグループ会社）であり、1959年に即席麺市場に参入しました。

明星食品は1960年に自社で開発した「明星味付ラーメン」の新製品発表会を開催し、試食用サンプルの麺にお湯を注ぎましたが、すべての麺がほぐれませんでした。その原因は、試食用サンプルを選ぶとき、製造の担当者ではなく、営業を担当することになっていた他社からの出向社員が作業を担当したため、商品知識に乏しいその社員は油揚げの不十分な“形がよく、色の白い、見た目のきれいな”つまり、不良製品ばかりを選んでいたのです。しかし、明星食品ではこの不良製品を廃棄せず、鍋で煮て食べるという新たな調理法を試食会のトラブルから発見しました（エーシーシー、1986）。

麺を鍋で煮る調理法は、麺とともに野菜や肉などの具材も同時に煮ることもでき、さらに具材にも十分に味が付くため、これまでの袋麺の調理法とは異なった業

写真2·1　発売当時の「チキンラーメン」

資料：日清食品ホールディングス提供

写真2·2　「支那筍入・明星ラーメン」

出典：日本即席食品工業協会HPより

界初のスープ別添袋麺を 1962 年に「支那筍入・明星ラーメン」として発売しました。このスープ別添の味付け製法は即席麺のスープ味のバラエティ化を進め、製品多様化に貢献しました。

カップ麺の開発を可能にした“中間保持製法”と“逆転の発想”

即席袋麺タイプの生産量は、図 **2·1** からもわかるように 1970 年代に入り減少傾向を示しています。袋麺タイプ市場が飽和状態を迎えた理由のひとつとして、消費者が時代に即応した新しい製品を求め始めたことがあげられます。

袋麺の国内市場が成熟期を迎えることを予測し、「カップヌードル」が発売される 5 年前の 1966 年、即席麺の国際商品化に向けた欧米視察から帰国した安藤百福は「アメリカの大男が、自動販売機に備え付けのコップにジュースを注ぎ、飲み干すとくしゃくしゃに丸めて、くずかごに放り込んでいた。スーパーマーケットチェーンにチキンラーメンを売り込みに行ったところ、バイヤーがチキンラーメンを 2 つ、3 つに折り、紙コップに湯を注ぎおいしそうに食べてくれた」（安藤百福、1992）と述べていたそうです。

安藤は 1966 年に発泡スチロールの容器開発を開始し、約 4 年後にそのカップ型容器の製品化に成功（現在は紙容器を使用）しました。ここで課題になったのは、厚さが 6 cm になる油揚げ麺の塊をカップ型容器のどの位置に留めるかにありました。この課題を解決した方法が無理に麺の塊を底まで収めるのではなく、容器の中間に宙づりの状態に留めることであり、この方法は**中間保持製法**と呼ばれることになりました。

写真 2·3　麺の中間保持製法（カップヌードル）

資料：日清食品ホールディングス提供

写真 2·4　麺の塊をカップ型容器に収める“逆転の発想”

資料：日清食品ホールディングス提供

新製品開発の課題は次から次へと発生し、次の課題は厚さが6 cmになる油揚げ麺の塊をどのようにしてカップ型容器に収めるかでありました。麺の塊は容器に機械でつかみ入れるには壊れやすく、転がして入れるには球体であるために不可能でした。そこで解決策となったのが、上下を逆にして置いてある麺の塊にカップ型容器をかぶせ、半回転して麺の塊をカップ型容器の中間に落ち着かせる**逆転の発想**でした。こうした課題を解決し現在のカップヌードルが誕生しました。

なお「カップヌードル」のデザインの象徴である上下の帯型の図形（通称：キャタピラ）は、2018年4月6日「位置商標」として登録され、このデザインを無断に使用することはできません。

アイデア商品はプロダクト・アウトからマーケット・インへ

即席麺業界をはじめとした加工食品企業は、高度経済成長期に大量生産・大量販売の時代を迎え、フードシステムにおいてメーカー主導の**チャネルキャプテン**のポジションを獲得しました。大手各社は、消費者のニーズやライフスタイルの変化に対応した多品種・少量生産にもとづく製品開発を推進してきましたが、新製品の多くは1980年代以前に発売されたロングセラー製品に微細な工夫を加えた製法イノベーションやリニューアルした製品が中心でした。こうした新製品発売は、コンビニエンスストア（Convenience Store：以下CVS）の限られた売り場スペースの中で、売りたいという選別に耐える魅力的な商品に欠けているという指摘が出るようになりました。少子高齢社会を迎えた食品市場では、消費者ニーズを常にキャッチすることのできる小売業者が、消費者にチャネルキャプテンとして選択され、メーカー主導から小売業主導のチャネルキャプテンが優位性を確立しました。

即席麺市場では、CVSがカップ麺の主要な販売チャネルになることによって、即席麺市場の再構築を目的としたCVSと大手即席麺企業との共同開発（PB商品）が始まりました。この共同開発で重要な機能を果たしているのが**チーム・マーチャンダイジング**（Merchandising：以下チームMD）システムです。**チームMD**とは、フードシステムの川下に位置するスーパーマーケット、CVSなどの小売業者と、川上・川中に位置する原材料供給業者、卸売業者、即席麺業者などのかくれた技術・ノウハウをもった業者がチームを組織し、新製品を開発するシステムです。

近年、即席麺業界をはじめとした加工食品業界では、高度経済成長期における作り手主導の製品開発・販売（**プロダクト・アウト**）から、顧客のニーズをいち早くキャッチできる売り手との共同開発・販売（マーケット・イン）を併用したアイデア製品の開発を行っています。

図 **2·2**　チーム MD の概念図

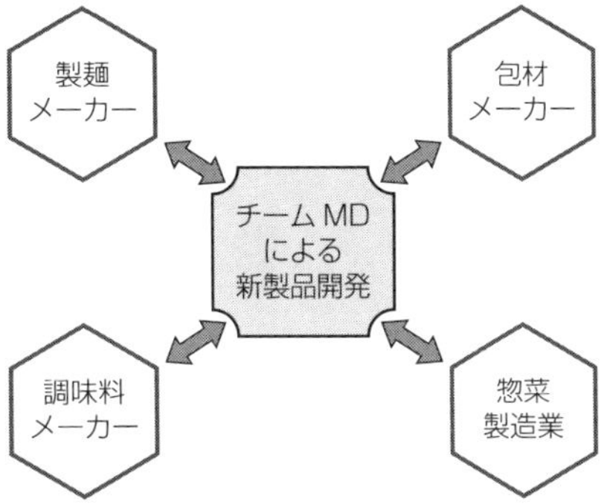

資料：瀧内洋「セブン ― イレブンのビジネスモデルについて」日本経大論集 45・1 より筆者作成。

ところで、コロナ禍での巣ごもり生活は即席袋麺の需要を高めています。日本能率協会総合研究所の調査「メニューから見た食卓調査 2020」によると、有効回答を得た主婦 1,076 人の「ラーメン等中華麺類」を食べる際の食べ方に関する質問（複数回答）のうち、「インスタントの袋麺」と回答した主婦は全体の 72% を占め、「インスタントのカップ麺」の 63% を上回っています。また、71% の主婦が「野菜を加える」などのアレンジをしており（「日経 MJ」2020 年 12 月 2 日付）、即席袋麺は、主食性、簡便性、保存性に加えて調理性をも兼ね備えています。即席袋麺が、消費者のライフスタイルの変化に対応できるロングライフ食品として根強い人気がみえてきますね。

（木島　実）

〔課題〕

1.　即席袋麺の主要な販売チャネルはスーパーマーケットなどの量販店であり、即席カップ麺の主要な販売チャネルは CVS です。その理由を考えてみましょう。

2.　CM が食生活に与えるメリット、デメリットについて、考えてみましょう。

もっと知りたい人への〔推薦図書〕

1.　岸康彦著『食と農の戦後史』日本経済新聞出版、1996 年

戦後における食生活の変遷とその背景を知ることができます。

2.　榊原清則著『日本の企業家 11　安藤百福 ― 世界的な新産業創造したイノベーター』PHP 研究所、2017 年

なにごとも信念をもって取り組むことの大切さを教えています。

第3講 ファストでコンビニエンスな食生活

時間は金なり?

マクドナルドは50歳

私たちの食生活にとって便利なものに**ファストフード**(Fast Food)があります。本講では、便利な食と豊かな食について考えます。最初にみなさんに質問です。

マクドナルドは、あなたの食生活を豊かにしていますか?

「はい」、「いいえ」、それぞれ少しだけ、その理由を考えてみてください。

私たちの食生活は、50年前に大きな転機を迎えました。**外食産業**の登場です。いまやファストフードの代表選手ともいえるマクドナルドは今年(2021年)で50歳です。アメリカでファストフードとして大人気だったマクドナルドのハンバーガーが日本に初めて登場したのは1971年、東京の一等地、銀座三越1階に1号店がオープンしました。当時、ハンバーガーは目新しい食べ物で、メニュー価格はハンバーガー80円、ビックマック200円でした。そのころの公立高等学校(全日制、普通課程)の年間授業料は800円でしたから、いかにハンバーガーが高級品だったかイメージできますね。そのハンバーガーも、バリューセットや100円マックに象徴される低価格路線へと変わり、今では、いつでもどこでも買える手軽な食品の代名詞となりました。

マクドナルドには同級生がたくさんいる

ケンタッキーフライドチキン、モスバーガーなどのファストフード店や、すかいらーくやロイヤルホストなどのファミリーレストランも、みんな1970年代初めに日本に登場した外食店です。ということは、どれもみんなほぼ同級生ですね。

当時は、「外食」といえば特別な日の食事でした。それが、今では、外食は特別な日のレジャー（楽しみ）という意識が薄れ、普段の日常生活の一コマとなっています。

アメリカからやってきたハンバーガーは、当時の日本人にとって、見たことがない珍しい食べ物でした。その後、マクドナルドは、子どもからお年寄りまで世代を超えて日本中の誰もが知っている有名ファストフード店となり、あっという間に私たちの食生活に浸透しました。マクドナルドの店舗は、全国 47 都道府県にあり 2,910 店となっています[*1]。

このような食品ビジネスの成功を見ると、すごいことだと思いませんか。みなさんが今から新しいビジネスを興せば、数十年後には、多くの人を雇用する魅力ある産業に成長させることも夢ではないでしょう！　私たちの生活に欠かせないスマートフォンなどの普及は、みなさんのお父さんやお母さんが子どものころには、想像もできませんでした。高校生が自分のスマートフォンでハンバーガーが注文できたり、勉強できたりすることが当たり前の世の中になるとは、夢にも思っていなかったでしょう。

ここでまた質問です。

マクドナルドが日本全国にある店舗で、いつでも同じ味、同じサービスを提供できるのはなぜでしょうか？

いつでもどこでも同じ味を提供できる理由

答えは「チェーンオペレーションシステム」があるからです。**フランチャイズチェーンシステム**という言葉は聞いたことがありますか？　店舗経営の手法のひとつで「商品やサービスについて、その技術を確立した会社（フランチャイザー）が加盟者（フランチャイジー）に契約によって経営ノウハウを提供していくチェーン」[*2] のことです。そのほか、レギュラーチェーンといって本部が支店を経営する

*1　日本マクドナルドホールディングス（株）「有価証券報告書」（2020 年 12 月 31 日現在）

*2　『フードサービス事典』柴田書店、2017 年

方式もあります。

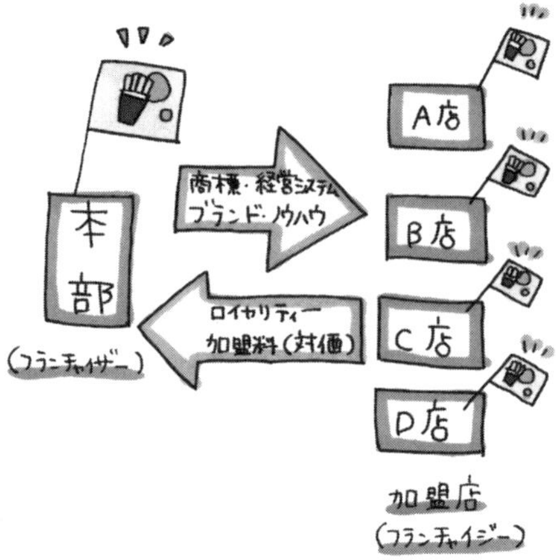

日本の外食産業は、このような多店舗経営の手法によって、誕生からわずか 30 年後には 29 兆円の市場規模となり、まさに日本の一大産業へと成長しました[*3]。その後、景気の影響や中食市場の誕生などにより、2019 年の外食産業市場規模は 26 兆円となっています。

参考に、他産業の市場規模をみてみましょう。みなさんが、部活動の帰りや塾の行き帰りに利用するコンビニエンスストアの市場規模は、10 兆円です（日本フランチャイズ協会「2020 年コンビニエンスストア統計調査」）。外食産業の市場規模は、コンビニ産業の約 2.6 倍ということですから、その規模がどれほど大きいか想像できますね。じつはこのコンビニ産業も、さきほど説明したフランチャイズチェーンシステムにより成長した産業のひとつです。ちょっと小腹が空いたときや、飲み物がほしいときなどによく利用するという人も多いのではないでしょうか。最近ではコンビニ惣菜や冷凍食品なども日々進化しています。そして家の近くにあり、24 時間利用できる利便さも相まって、私たちの食生活を支えるインフラのひとつとなっています。

では、3 つめの質問です。

> マクドナルドから、あなたはどのような事をイメージしますか？

同じ質問を、筆者の講義を受講している大学生に聞いてみました。

大学生がマクドナルドからイメージするのは、圧倒的に「安い」という答えでした。そのほかには「早い」、「100 円」、「ハッピーセット」、「不健康」、「休憩場所」、「安全性が気になる」などです。みなさんのイメージと同じだったでしょうか、それとも少し違っていたでしょうか？

---

*3　日本フードサービス協会の推計によると、外食産業市場規模のピークは 1998 年の 29 兆円で、2019 年は 26 兆円となっています。

「早さ」「安さ」「手軽さ」は、好きですか？

「早い」とよいの？

マクドナルドでハンバーガーを注文すると、商品が出てくるまでに数分とかかりませんね。2013年には、期間限定で「ENJYOY 60秒サービス」として、会計後の時間を砂時計で測り、商品提供までに60秒を超えたらビックマックなど好きなバーガー無料券がもらえる、というキャンペーンを打ち出しました。「早さ」をサービス向上ととらえることはファストフードの特徴でもありますが、では、この「早さ」は消費者にとってよいことなのでしょうか？

この疑問に答えるには、商品が注文されてから提供されるまで（食材が加工され、ハンバーガーが完成するまで）の一連の工程に関心を向ける必要があります。まず、家でハンバーガーを作るために、どんな調理をするかを想像してみてください。マクドナルドのビーフパテは、卵やパン粉を使わず100%ビーフということなので、家庭の台所では、スーパーで買ってきた牛ひき肉を丸く整形してフライパンで焼くとします。そして、みじん切りにした玉ねぎと、スライスしたピクルスをパテにのせ、ケチャップをかけてパンで挟んで完成です。この工程を終えるまでに60秒以内でこなすことはできないですよね。

マクドナルドは、原材料のビーフをオーストラリアから輸入して千葉県にある食肉商社の工場で最終加工を行い、各店舗に配送しています（同社HP）。千葉工場の生産の能力は1日になんと約96 t、月に約2,300 tにもおよびます（つまり、それだけ私たちの胃袋にビーフパテが入っていくということです）。

店舗に到着したビーフパテは片面ずつ焼いて裏返していたのが、両面同時に焼けるグリルとなり、バンズでは、以前はスチームに90秒かかっていたのが、わずか8秒でできる高速スチーマーが登場し、そのほかクルー*4が毎回量って揚げていた冷凍ポテトも、自動で必要量だけバスケットに入れてフライしてくれる機器が導入されるなど、高効率化を目指し、厨房機器は日々技術革新が進み、これらの調理を誰がやっても同じように使いこなせるようにするためのマニュアルもあります。

このように、マクドナルドでは、注文を受けてから60秒でハンバーガーを提供できるようにさまざまな準備をしているのです。商品提供の「早さ」を可能しているのは、食材加工を外部化し、調理をマニュアル化するなど、それぞれに役割分担

*4　マクドナルドではアルバイトのことを「クルー」と呼んでいます。

することで、店舗での商品提供という場面では最小限の作業で済むようなシステムを構築しているのです。このように外部化やシステム化は、「早さ」を実現できる一方で、店舗の向こう側にある多くの作り手が見えなくなるという側面をもっています。

マクドナルドに対して、「安全性が気になる」というイメージをもっている学生がいました。家庭でお母さんが作ってくれたハンバーグに対して、「これは食べても安全だろうか」と疑問を抱くことはありませんね。その背景には、マクドナルドのようなシステム化された外食企業では、誰がいつどのように食材に関わっているかがわからない不安感があるのです。

「安い」とよいの？

おこづかいの中から日々やりくりしている高校生にとって、「激安」「低価格」はとても魅力的です。でも、ちょっと待ってください。物の値段には、必ず理由（モノの値段のカラクリ）があります。

みなさんは、買い物をするときに「なぜこの価格で提供できるの？」と考えたことはありますか？　何かを得ようとすると別の何かを失う関係性のことを**トレードオフ**（Trade-Off）といいます。安さを実現するためには、別の何かを犠牲にしているのです。「別の何か」とは何でしょう。

マクドナルドに限らず、ファミリーレストランや居酒屋チェーン、ラーメンチェーン店、回転寿司チェーン店など、今、私たちが街の中で目にしている大手飲食チェーン店は、いずれもセントラルキッチン方式で効率的に加工し、統一メニューをもとに調理済みの加工食材を店舗で簡単に調理し提供することで、原価を抑え、低価格でメニューを提供することができています。食材を大量一括購入し、セントラルキッチンでまとめて効率的に加工を行うことで、コストを抑え、メニューを低価格で提供するビジネスモデルです。

効率的でコストが削減されるなら、セントラルキッチン方式はよいシステムでは？　と思うかもしれません。衛生管理がマネジメントできたり、調理作業が1か所に集約できたりすることは経営上の大きなメリットかもしれませんが、効率化を追求し、食べる場所と調理する場所と加工する場所がどんどん離れていくことで、消費者にとっては、誰がいつどこで作ったかがわかりにくくなるのです。もちろんこうした不安を払拭するために、外食企業でも調理工程の見える化など、さまざまな取り組みが行われています。

このほかにも、外食企業では、コストを削減するためにさまざまな方法が行われています。そのひとつが人件費の削減です。飲食店の損益構造でよく使われる指標に**F/Lコスト比率**（フードレイバースコスト：食材原価と人件費の合計額）というものがあります。飲食業界では、この比率を55％程度に押さえるというのが目安とされています。あるファストフード企業では、人件費を削減するためにアルバイトが休憩時間を取れなかったり、店をアルバイト店員1人で営業させたりするなど労働環境が悪化し、大きな問題になりました。消費者に安い価格で提供するためには、その背景に、多くのコスト削減の力が働いていて、それは時に、働く人にも及んでいるのです。

食事は「手軽」がよい？

「豊かさ」という観点で、食事をみてみましょう。みなさんは、部活動や塾などで忙しいときに、つい食事を抜いてしまったり、外食したり、コンビニで買ったお弁当ですませたりした経験はありませんか？　また、みなさんが食事をしていて、楽しい瞬間、幸せと感じる瞬間はどんなときですか？　家族や仲のよい友だちといっしょにおしゃべりをしながら、時間を気にせず食事をしたときではないでしょうか？

食事は、生命の維持に必要な栄養素を体内に摂取することだけが目的ではありません。「飽食の時代」といわれる今の時代において、私たちが食生活に求めることは、必要エネルギー摂取量を満たすだけでは「幸せ」ではないのです。

私たち人間と動物の一番の違いは、人間は**共食**（きょうしょく）をするということです。もともとは、限られた食料を大切な人（共食の最小単位は「家族」でした）と分かち合うことに始まりました。私たち人間は、コミュニティを形成し維持するために、そして子孫を残すために、弱肉強食ではなく、「共食」という食事方法を大切にしてきたのです。

一方、現代の食生活では、ひとりで食事をする**孤食**（こしょく）が多くみられます。同じ家に暮らしていても、食事時間はバラバラで食卓につくのは自分ひとりといった経験はないでしょうか？　大人は仕事、子どもは塾や習い事、アルバイトと、今の私たちは何かしら時間に追われ、毎日忙しい日々を送っています。

私たちに与えられている時間は、今も昔も1日24時間。やることが多くなれば、ほかの何かの時間を減らさなければなりません（トレードオフ、さきほど勉強しましたね）。生活時間の中で、仕事や趣味などの時間が増えた一方、睡眠や食事の時間が減っています。塾や部活、アルバイトなど生活の中では、ゆっくりと時間を過ごせる日が、特別な贅沢に感じるのではないでしょうか。「早く食べたい」、「手早く調理したい」、という消費者のニーズがある限り、こうした声にこたえるサービスがますます増えていくでしょう。**食の外部化・簡便化**の流れは、これからも変わらない（変えられない）潮流といえそうです。

さて、現代に生きる私たちが時間に追われずに豊かな食生活を送るには、どうしたらよいでしょうか？　食事を味わい楽しめるということは、豊かさを図るひとつの指標かもしませんね。

フードがビジネスになった時代

日本では、食の文化は長い間、家庭の食卓や地域行事の中で形成され伝承されてきました。その後、食の外部化が進み、多くの人が日常的に外食（がいしょく）を利用するようになりました。外食のほかにも、家で食べる食事のことを内食（ないしょく）、スーパーやコンビニなどお店で買ってきて家で食べることを中食（なかしょく）といいます。

そのほか、調理済みの食事を自宅まで配達してくれる宅配（デリバリー）も充実してきました。宅配メニューも、普通食用からダイエット用、病人食用、介護食用などがあり、さまざまな消費者のニーズに対応できるようになっています。また、食事宅配専門の企業以外にもコンビニエンスストア、スーパー、老舗企業など、さまざまな企業が食事宅配サービスを提供しています。

近年、外食企業でもこの宅配サービスに力を入れています。食事を提供する場所へ消費者に来てもらうのではなく、消費者がいるところ（食べるところ）へ食事を届けるという逆転のサービスですね。2020年春以降、新型コロナウイルス感染拡大の影響で、多くの外食企業が業態転換のひとつとして、こうした宅配サービスや

持ち帰り（テイクアウト）サービスの導入などを余儀なくされましたが、それを後押ししているのがUber Eatsなどのフードデリバリーサービスです。同社は、2017年に日本でサービスを開始し、スマートフォンなどからオンラインで料理を注文すると自宅まで配達してくれます。民間調査会社によると、2020年のフードデリバリー市場規模は6,000億円を超え、成長率は前年比44%増の見込みとなりました[*5]。

この、新型コロナウイルス感染拡大の影響により、私たちの飲食をめぐる消費行動は、外食から家庭内へと大きく変化しました。レストランやカフェで、友だちといっしょにわいわい食事をすることが難しくなり、テイクアウトを利用したり、スーパーで食材を購入して家で食べたりすることが多くなりました。外食業界はとりわけ外出自粛の影響を受け、これまで店内飲食サービスを提供してきた外食企業は、従来の経営スタイルからの転換が求められました。宅配に特化したり、まったく別の業態に転換したり、また店舗を小型化し宅配で収益を確保するビジネスモデルなども登場しています。このような点からも、今後、私たちの食生活を支える新たな食のビジネスが、次々と生まれてくるかもしれませんね。

この時代、何を食べたらよいのか？

今は、「食」がビジネスになった時代です。「手間」や「時間」をお金で買うことができる時代になり、食生活の選択肢が増えました。他方で、食を選択する力をつけるための教育（**食育**）は、どのように行われてきたでしょう。これまでの学校教育の中では、「バランスのとれた食事をしましょう」などのように献立内容を主とした栄養教育が中心に行われてきました（「野菜を多く食べましょう」、「油は取り過ぎたらいけないよ」、「甘いものはほどほどに」とか …）。

一方で、社会を形成する当事者のひとりという視点から、私たちは何を食べたらよいか、 つまり、社会が豊かになるために、「食」をどのように選択したらよい

*5　エヌピーディー・ジャパン「外食・中食の出前市場動向分析レポート」（2020年12月）

かという教育や訓練を、私たちは十分には受けたとはいえません。「国産を食べましょう」といわれて、「なぜ国産を食べることがよいのか？」と思ったことはありませんか。国産を食べることがどのように自分にメリットがあるのかが具体的にはわからないので、行動につながる動機付けである「インセンティブ」が働かず、結果として、安いほう、という目先の利益で食を選択してしまうのです。

私たち一人一人の行動が、さまざまなところと繋がっていて、それらが集まって、大きな社会を作っています。つまり、みなさんの食行動は、今の社会全体のみならず、未来の社会とも繋がっているのです。「話が大きすぎて、イメージできないよ」と思うかもしれませんが、これらの食と社会の繋がりを探っていくのが、「食品ビジネス学」のおもしろさであり、難しさでもあります。

自分の生活が豊かになるためには、社会も同じように豊かになっていくための選択が必要となります。社会が豊かになる食生活？ 「食品ビジネス学」は、その答えを考えるための大きな助けになるでしょう。（久保田裕美）

〔課題〕

1. 時間の使い方の変化が食生活にどのような影響をもたらしているのでしょうか。あなた自身の経験を踏まえて、ノートに書き出してみましょう。

2. 食生活の中にどのようなトレードオフの関係がかくれているのか、1週間の食生活を思い出しながら、具体的にノートに書き出してみましょう。

もっと知りたい人への〔推薦図書〕

1. 徳田賢二著『値段がわかれば社会がわかる — はじめての経済学』筑摩書房、2021年

値段の「意味」がわかると、食品ビジネスがきっとよりおもしろくなりますよ。

2. ポール・ロバーツ著『食の終焉 — グローバル経済がもたらしたもうひとつの危機』ダイヤモンド社、2012年

より深く学びたい人におすすめ。興味のある章から読んでみるのもよいでしょう。

● コラム ― カナダにみるフード・インセキュリティの現状と課題

みなさんは、食べ物が手に入らないという不安や危機感を感じたことはありますか？　**フード・インセキュリティ**とは、経済的な理由で食料が不足したり、食料の選択に制限が生じたりする状況のことをいいます。食の貧困の深刻さを可視化する指標のひとつといえます。

カナダでは、全世帯の 8.3%（約 120 万世帯）が経済的な理由のために、フード・インセキュリティの状況におかれています（2017/2018 カナダ統計局データより）。世帯収入が低くなるほど、フード・インセキュリティの状況におかれる世帯の割合は増えていきます。フード・インセキュリティが深刻な世帯では、大人だけでなく子どもへの健康への影響が懸念されています。また、フード・インセキュリティの状況にある人のほうが、さまざまな病気にもかかりやすいという研究報告もあります。

トロントのファーマーズマーケット

こうした中で、カナダでは、食の格差を地域（コミュニティ）で支えるさまざまな市民社会組織（CSOs）の取り組みが行われています。CSOs は、日本では NPO（非営利活動組織）が近いイメージかもしれませんね。たとえば、低所得者に食料を届けたり、地域の公園や広場でファーマーズマーケットを運営したり、フードバンクなどの活動をしている団体もいろいろあります。これらの活動の多くは、地域の人々が主体となって活動する CSOs によって取り組まれていて、食料アクセスの改善、健康サポート、貧困問題など、さまざまな地域課題の解決にむけて、地域の人々のセイフティーネットとなっています。

さて、日本についてみてみましょう。日本の子どもの貧困率は、13.5%（2019 年国民生活基礎調査）と、じつは OECD 加盟国の中で最も低い水準にあります。数字でみると、じつに 7 人に 1 人の子どもが貧困状態にあるということになります。毎日の食事に事欠く状況ではない場合でも、経済的な困窮の問題は、生活習慣が不規則になったり、健康に悪影響をおよぼしたり、さらには子ども自身の学ぶ意欲や将来の希望などにも影響する自己肯定感の低下にも繋がるとされています。今後、日本でもフード・インセキュリティに関する現状の把握や解決に向けての地域での取り組みが、よりいっそう重要となっていくでしょう。　（久保田裕美）

第Ⅰ編

便利に楽しく豊かに―社会の変化とともに

第4講 海の向こうからやって来る

ビジネスパートナーはどこ？

国境を越える食べ物

私たちの食卓には、さまざまな国からやってきた食べ物が並びます。国産の肉や牛乳も、そのえさの多くがアメリカから輸入されるトウモロコシであることは聞いたことがあるでしょう。「この話は、食料自給率や海外依存の問題（食料安全保障）

表4·1　食料貿易の上位20か国・地域（2017年）

	輸出上位20か国・地域			輸入上位20か国・地域		
順位	国名	輸出額（億ドル）	累積割合（%）	国名	輸入額（億ドル）	累積割合（%）
1	アメリカ	1,430	9	アメリカ	1,530	10
2	オランダ	976	16	中国	1,150	18
3	ドイツ	850	22	ドイツ	1,040	25
4	ブラジル	793	27	日本	699	30
5	中国	736	32	オランダ	648	34
6	フランス	683	36	イギリス	637	38
7	スペイン	532	40	フランス	621	42
8	カナダ	500	43	イタリア	494	46
9	イタリア	467	46	ベルギー	405	48
10	ベルギー	452	49	スペイン	405	51
11	インドネシア	367	52	カナダ	369	54
12	インド	356	54	ロシア	300	56
13	アルゼンチン	350	56	韓国	290	58
14	タイ	334	58	香港	283	60
15	メキシコ	324	61	メキシコ	259	61
16	オーストラリア	321	63	インド	252	63
17	イギリス	300	65	サウジアラビア	218	64
18	ポーランド	296	67	ポーランド	200	66
19	ベトナム	270	68	UAE	184	67
20	ニュージーランド	235	70	インドネシア	176	68

出典：UN Comtrade

注：商品分類2桁（HS2−digt）の01から24を集計した。「累積割合」は世界の食料輸出（輸入）の合計に対する率の累積値。　　はOECD加盟国を示す。

だな」と思った人、よく勉強していますね。でも、今回は少し視点を変えて、なぜ食べ物が海を渡る、つまり**食料貿易の要因**について考えてみましょう。

まず、どのような国が食料貿易を行っているのか、みていきましょう。表**4·1**は、2017年の食料貿易の上位20か国（対象国149か国・地域、以降、国と表記）を示しています。最大の輸出国はアメリカで、ついでオランダ、ドイツ、ブラジル、中国と続きます。わずか13%の国々で世界の食料輸出の70%を占めます。ちなみに日本は48番目です。

そして、最大の食料輸出国のアメリカは最大の食料輸入国でもあります。輸入国の上位には中国、ドイツ、日本、オランダが続き、輸出の状況と同様に、わずか13%の国々が世界の食料貿易の7割近くを輸入しています。

輸出と輸入とで入替えはあるものの、多くは先進国グループとされるOECD加盟国です。それ以外にも世界第2位の経済規模をもつ中国も大きなウェイトを占めています。このように食料貿易の大半は**経済規模**の大きな国によって行われています。

さらに、輸出国の相手先である輸入国を加えてみましょう。表**4·2**は、食料の二国間貿易の上位25か国の組み合わせを示しています。上位にあるのはカナダとアメリカ、メキシコからアメリカといった北米諸国、オランダとドイツあるいはベルギーといったヨーロッパ諸国です。アジアでは11位の中国から日本へ、25位のベトナムから中国への輸出があります。共通するのは、地理的に近い国々の間で活発な食料貿易が行われているということです。

表4·2　二国間の食料貿易の上位25か国・地域（2017年）

	輸出国	輸入国	輸出額（億ドル）
1	カナダ	アメリカ	270
2	アメリカ	カナダ	261
3	メキシコ	アメリカ	252
4	オランダ	ドイツ	252
5	ブラジル	中国	230
6	アメリカ	中国	188
7	アメリカ	メキシコ	184
8	アメリカ	日本	128
9	ドイツ	オランダ	123
10	オランダ	ベルギー	111
11	中国	日本	101
12	中国	香港	98
13	ベルギー	フランス	96
14	オランダ	イギリス	94
15	ベルギー	オランダ	93
16	スペイン	フランス	85
17	オランダ	フランス	85
18	イタリア	ドイツ	80
19	中国	アメリカ	76
20	フランス	ドイツ	74
21	フランス	ベルギー	74
22	ドイツ	フランス	72
23	ポーランド	ドイツ	70
24	アメリカ	韓国	69
25	ベトナム	中国	69

出典：UN Comtrade
注：商品分類2桁（HS2-digt）の01から24を集計。

なぜ食べ物が国境を越える？

海を越えてやってくる食料は、私たちの食に多くの恩恵をもたらしてくれます。日本に住む私たちが手軽にバナナを食べられるのは、バナナの生産地である熱帯のフィリピンやエクアドルと貿易を行っているからです。熱帯のタイに住む人々が寒冷地でしか育たないリンゴを食べられるのは、それを生産する日本と貿易を行うからです。

技術が発達した今日では、日本の本州でバナナ、熱帯諸国でリンゴを育てることは可能かもしれません。でも、そのためには温度管理に多大なエネルギーを使い、技術開発に多くの知恵と時間を投じる必要があります。出来上がったものにはこれらの費用が上乗せされますから、多くの人にとって手が出ないほど高価なものになるでしょう。

買いやすいあるいは買える価格のためには、効率のよい生産が必要です。貿易のおかげで、人々は効率のよい生産でもたらされる多種多様なモノを手ごろな価格で入手できます。これを**貿易の利益**といい、19 世紀初めに現在の学問的起源がある国際経済学の最も重要な洞察です（クルーグマン他、2017）。

貿易の要因を考えるために、貿易をビジネスのレベルに分解してみましょう。つまり、誰がどんな目的でどのように国境を越えた取引をしているのかをイメージしてみるということです。

まず、誰がという点でいえば、貿易を行うのは企業です。企業の重要な目的は、収入から費用を差し引いた利潤を最大限得ることです。収入は製品の価格と販売量を掛け合わせたものですよね。売り手と買い手が数多く存在し、双方が価格に影響力をもたない場合、価格と販売量および費用のなかで企業がコントロールできるのは費用だけです。製品の価格は市場で決まりますし、価格が決まれば収入が最大になる量を企業は生産します。企業は、費用を減らせば自身の利潤を増やすことができます。

では、利潤のカギとなる費用について貿易ビジネスのなかで考えてみましょう。図 **4・1** には左側の自国から右側の外国に輸出を行う様子を描いています。外国で商品を売るとなると、現地の事情をよく知るパートナーが必要ですよね。たとえば、輸入された品物を受け取ってお店に並べたり、現地の人々への売り方を考える

図4·1　貿易に関わる費用のイメージ

信頼のおけるビジネスパートナーです。そのような人たちや会社を探すのは簡単ではありません。

また、見つけたとしても、ビジネスのやり方も国によってさまざまです。ですから、誰が何をいつまでにどのようにして、何に責任をもつのかということについて細かく取り決めを行う必要があります。こうしたことには手間や時間がかかりますし、ときには専門の会社に依頼することもあります。貿易ビジネスの費用は輸出を始める前から必要なのです。

さて、いよいよ輸出となるとまずかかる費用が運賃です。これは遠いほど必要な燃料が増え、それに従事する人々の労働時間が伸びるので、その代金や賃金を含めた運賃は上昇します。同様のことは私たちの身近にもあります。たとえば、宅配便の値段は、自分が住んでいる地域よりも遠くなるほど高くなります。これと同じです。

そして、船が目的地に近づくと、外国政府は国内にモノが入る前に検査を行います（輸出側でも設けられますが、ここでは説明を簡単にするために省きます）。これは、農産物ならば病害虫、食品ならば添加物など、国内の農業や環境の保全、国民の健康のために必要なことで外国政府が決めるルールです。このルールに沿って、企業はあらかじめ何をどれくらい取引するのかを明確に記入した書類を用意しなければなりません。

こうした書類の作成には手間がかかります。また、検査は数十分のものもあれば、半日、さらに数日といったある程度の時間がかかります。品物が生鮮食品であれば、鮮度が商品価値の一部ですから、それが失われていくことも費用として考えることができます。

さらに、検査に合格にしたら、輸入国への税金（**関税**）の支払いが必要な場合もあります。この関税は、国産よりも安い輸入品が入ってくることによって、国内生産者や企業が生産したものが売れなくなることを防ごうと設けるルールで、輸入側の国が決めます。

このように、自国から外国に食べ物を届けるためには、運賃や関税といった金銭としてみえる費用だけでなく、各国が定める貿易ルールに沿って準備する書類作成の手間や待ち時間など、一見金銭としてみえないこともビジネスの負担、つまり費用として考えることができます。洋の東西を問わず昔から「時は金なり /Time is money」といいますが､ここでは「時は費用なり /Time is cost」といえるでしょう。

ちなみに、私たちも海外旅行をするときに同じ経験ができます。入国審査のために、あらかじめ身分証明のパスポート（そもそも日本を出国するときに必要）を用意し、審査を受けるために入国審査官の前に並びます。荷物についても何をどれくらいもっているのかをあらかじめカードに書いて準備し、再び別の列に並んで検査の順番を待ちます。検査の結果、定められた基準を超えたモノには、関税を支払う必要があります。次の入国審査の機会に「これが国境を越えるってことかぁ」と実感してみてください。きっと待ち時間も有意義に過ごせますよ。

さて、貿易ビジネスのイメージと実際の食料貿易の状況とを合わせて考えてみましょう。表**4·1**では食料貿易の大半を**経済規模**の大きな国々が行っていました。貿易において経済規模が大きいということは２つの意味があります。

輸入国としては購買力があることを意味します。多くの費用をかけて売りに行くわけですから、行った先でより多く売れるといいですよね。経済規模の大きい国は比較的所得の高い人が多いので、企業にとって魅力的なところです。

他方、輸出国として経済規模が大きいということは、その国に多くの価値を効率よく生産できる技術力や資源があることを意味します。それらを活用すれば、市場での競争に勝つために、低価格を実現できる効率のよい生産技術の導入や商品の魅力を高めることができます。

さらに、表**4·2**の二国間の食料貿易の状況では、地理的に近い国々の組み合わせが多くみられました。これは、輸送にかかわる費用が少なくてすむからです。ビジネスを分解して考え、現実のデータをみていくと、このような「気づき」を得られます。

これまで多くの研究者がこうした「気づき」を客観的に示そう（**実証**するといいます）としてきました。私たちがみてきた貿易での**経済規模**と距離の関係についての「気づき」を初めて実証したのは、オランダの経済学者ヤン・ティンバーゲンです。

彼が参考にしたのは、2つの惑星の質量が大きいほど両者の引力は強くなり、距離が遠ければ割り引かれるというニュートンの万有引力の法則です。この法則をさきほどの貿易の「気づき」に当てはめて考えてみましょう。2つの惑星の質量は貿易を行う国々の経済規模に、惑星間の距離は二国間の距離にあたります。ティンバーゲンは実際のデータを使って分析し、経済規模が大きいほど、両国が近いほど貿易がさかんに行われることを示しました（Tinbergen, 1962）。

アジアの食料貿易についての分析でも、同様の結果が得られます（阿久根・徳永、2012）。つまり、アジアにおいて、輸出国と輸入国の双方の経済規模が大きいほど、両国が地理的に近いほど食料貿易はさかんであるということです。さらに、このうち最も影響の程度が大きいのは二国間の距離で、ついで輸出国の経済規模、輸入国の経済規模の順になります。

国境を越える食べ物を取り巻く貿易ルール決め

食料貿易には経済規模や距離に関係することがわかりました。でも、貿易ビジネスのイメージの中で、キープレーヤーが残っていることに気づきませんか？　それは各国の政府です。企業が書類を用意するのも、検査を待つのも、関税をいくら支払うのかも決めるのは彼らです。もし、これらがなければ貿易に関わる費用が減りますから、企業の利潤は増え、より多くの企業が活発に貿易を行うでしょう。

貿易にかかわるルールの簡素化や撤廃は、政府の貿易ビジネスへの介入を小さくあるいはなくすことであり、**貿易自由化**と呼ばれます。よく知られているのは、関税の税率を低くしたり、なくしたり（**関税撤廃**）することです。

貿易自由化は各国政府の話し合いによって決まります。その相手が1か国であることもあれば、複数や世界中ほとんどの国ということもあります。

第二次世界大戦の反省から、貿易を自由に行おうとする流れは戦後75年以上続いています。現在に続く世界規模の多国間の話し合いは、1947年に**関税と貿易に**

関する一般協定（GATT）の23か国から始まりました。GATTは1995年に**世界貿易機関（WTO）**に引き継がれ、2016年現在164か国・地域が加盟しています。WTOで合意されたルールはこれらの国々に適用されます。

一方、複数国間の貿易協定もさかんに締結されています。たとえば、**環太平洋パートナーシップ協定（TPP**、アメリカ離脱後はCPTPPあるいはTPP 11）や**日本・EU経済連携協定**（以下、日EU・EPA）です。TPPは2017年11月に大筋合意し、2018年12月に発効、日EU・EPAは2017年12月に大枠合意し、2019年2月に発効しています。TPPでは日本を含めた11の加盟国、日EU・EPAではEU加盟国28カ国と日本での貿易ルールの取り決めです。この2つの協定が同時期に妥結、発効しているのは、偶然ではありません。日本は以前よりEUにEPAの交渉申し込みをしていましたが、EUはあまり乗り気ではなかったといわれています。ただ、高度に自由化されるTPPが妥結するということで、急速に話がまとまっていったという経緯があります。

こうした貿易協定を結ばなければどうなるかというのは、2019年の1～6月の日本への豚肉やワインの輸入状況が示しています（日本経済新聞、2019）。たとえば、豚肉輸入はTPPや日EU・EPAに加盟している国々から前年同期比で7％増えたのに対して、TPPを離脱したアメリカからは3％減りました。TPPや日欧EPAによって関税が低くなる国からの豚肉とそうではないアメリカからの豚肉との間に価格差ができ、日本の消費者や企業の安価なモノを好むという行動の結果、輸入先が変わったということになります（こうした現象を**貿易転換効果**と呼びます）。

ちなみに、アメリカはTPPと同程度の水準での貿易協定（日米貿易協定）を2019年10月（2020年1月発効）に、2000年にEUから離脱したイギリスは日英包括的経済連携協定（日英EPA）を2020年9月（2021年1月発効）に日本と締結しています。こうしたこともあり、前述の貿易転換効果は一時的なものに終わりました。

貿易の話題で、貿易自由化に対する賛成、反対の意見を聞いたことがあるでしょう。意見が分かれる理由は、「貿易の利益」の利益を得るのは誰か、ということです。国全体では貿易の利益を得るのですが、同時に、特定の人々は損失を被る可能性があります。それは、輸入品と競合する産業で専門技能をもった人々であり、そうした産業でほかの産業で活用できない資源を所有する人々のことです。

たとえば、安価な農産物の輸入に直面する農家です。市場に出荷できるほどの農産物の栽培には熟達した技能や経験が必要ですが、農業以外の産業ではそれらを活かせません。また、彼らが所有する農地は、その状態でほかの産業での活用は難しい資源です。

貿易によって人々はより多様なモノをより安く手に入れられるので、国全体で考えると利益が生じますが、一部の人々にとっては働く機会や所有する資源の価値の損失が生じます。この点は、**貿易政策**や農業政策を考えるときに留意しなければならないことです。

では、第二次世界大戦後から現在までの日本の農産物・食品にかかわる貿易政策をみていきましょう。これは大きく3つの時期に分けて考えることができます。

まず、第1期は1950年代から1980年代半ばです。日本は、1955年のGATT加盟以降、農林水産物の輸入数量制限の品目を減らして自由化を図ってきました。さきほど関税について述べましたが、輸入品に対してより強く政府が介入する制度として輸入数量制限があります。これは、定められた数量までしか輸入を認めないというルールです。関税はお金を支払えば輸入が認められますから、関税のほうが輸入数量制限よりも自由化の度合いは高いルールです。第1期では、輸入数量制限規制の品目を関税化していくということで貿易自由化を進められました。ただし、国内で生産者が多く「重要な品目」と位置づけられたコメや牛肉、ミカンなどは保護の対象にされてきました。

その後、1980年代後半から2010年代初めにかけて、いっそうの貿易自由化が行われました（第2期）。このなかで1986年から始まるGATTウルグアイラウンドでの1994年の合意で、わが国の農産品はすべてが関税化されました（コメはミニマム・アクセス機会の提供）。そして、現在に続く第3期はTPPに参加を表明した2013年から始まります。

TPPはそれまでよりもさらに自由化の度合いが高い貿易ルールです。これは、国内市場において輸入品との競争がいっそう高まることを意味します。一方

で、少子高齢化による国内市場の縮小が見込まれており、国内農業の生き残りと発展の新たな機会を国外に得ることも考える必要があります。幸いにも、近年の世界的な和食ブームやアジア諸国を中心とした所得向上によって、売り上げが見込める海外市場が創出されています。

貿易ルールの交渉は、国内の産業政策を踏まえて行われます。TPP 参加表明と同時に、当時の政府は「稼ぐ農業」と銘打ち、経済政策の中で農業を経済成長戦略産業に位置づけました。これにより、現在、農林水産物や食品に対して海外市場の獲得をサポートするさまざまな輸出促進策が実施されています。

さきほど貿易ビジネスの費用をイメージしているときに、貿易を始める前から費用がかかることを述べました。これに対する支援事例として、日本貿易振興機構（JETRO）の活動があげられます。そこでは、農産物や食品関連のビジネスパートナーや輸出国の現地情報の収集や提供などにより、日本の農林水産物や食品の輸出に対するサポートが行われています。

日々私たちの目の前に国際的なつながりによって生み出される食の恩恵の背景には、国境を越えて新たなビジネスチャンスを求める企業、国家間で貿易ビジネスのルールを交渉する各国政府、そしてそれらの影響を受ける人々がいます。おいしそうな食べ物を目の前にしたとき、それがどこでどのように作られ、どのような経路を経て、そこにあるのか考えてみませんか？

（阿久根優子）

〔課題〕

1. 日本貿易振興機構（JETRO）の「農林水産物・食品の輸出支援ポータル（https://www.jetro.go.jp/agriportal/）」で、わが国の農林水産物、食品の輸出支援の状況を調べてみましょう。

2. 経済規模や距離だけでなく、食料貿易に影響を与える要因を考えてみましょう。発表では、具体例をあげて説明してください。

もっと知りたい人への〔推薦図書〕

1. 作山巧著『食と農の貿易ルール入門 — 基礎から学ぶ WTO と EPA/TPP』昭和堂、2019 年

農産物や食品の貿易制度が端的に整理されています。

2. 石川・椋・菊地著『国際経済学をつかむ 第 2 版』有斐閣、2013 年

貿易という経済活動のメカニズムを探究する国際経済学の入門書です。

● コラム ― ローカルとグローバルの視点から「食を学ぶ」

海外フードシステム現地研修は、食品ビジネス学科の２～３年生を対象として、日本とつながりの深い国に赴き、食料の生産から加工・流通・販売・消費に至るフードシステムについて学び、あわせて食品ビジネスでの国際感覚を養うことを目的とする科目です。近年では、台湾をフィールドとして実施しています。

受講生は、現地での研修がより有意義なものとなるように、後期に毎週開講するゼミにおいて、台湾の経済、社会、農業や食品産業、食文化等の文献の報告や討論を通じて現地で必要な知識を事前に得るように努めます。

台湾での現地研修は、日本大学と学術交流協定を結ぶ台湾国立中興大学の教員と学生によるサポートを受けながら、台北・台中・台南各地の都市と農村で、ローカルとグローバルの視点の行き来ができる本格的な研修プログラムです。

有機農法に取り組む台湾茶農園を訪問

関連するテーマの講義を受講するほかに、台湾の都市部と農村部の両面から、有機農法に取り組む農場や台湾茶農園、特産果実の蓮霧（レンブ）の地域ブランド化に取り組む農会（農協）、中興大学内で開催されるファーマーズマーケット、国内の有機農産物・食品のセレクトショップとなっている大学構内の販売店、日本産の農産物や食品による製品差別化や歴史的建造物のリノベーションを通じたブランド化によって、付加価値の向上を進めている現地の小売店や菓子店などを訪問し、日本との比較を通じて学びを深めます。

また、中興大学の先生が提案する健康面で“革新的な”パイナップルケーキの実習、エコシステムを推奨している団体での豆花の加工実習、街中の屋台の利用といった実体験を通じて、台湾の食品ビジネスに対する理解を深めることができました。

受講生は、事前に教室で得た知識と、実際に現地で観て体験した知識の融合を通じて、日本と台湾のフードシステムの多くの共通点や相違点を自ら見出すおもしろさを体験したはずです。　（阿久根優子）

第5講 「香り」の魅惑

そのしくみと活用

香りの利用は古代から

「香り」にそそられて食欲が増したことはありませんか？　ここでは食生活と「香り」のお話しをします。

私たち人間が香りを利用するようになったのはいつからか知っていますか？

紀元前30世紀ごろのエジプトでは、ミイラ作りに白檀などの**香料**が使われ、芳香植物が儀式や治療で利用されていたといわれています。東洋でも、インドや中国で紀元前から香りが活用されていたようです。日本では「日本書紀」に香木の記載があり、室町時代には香りを鑑賞する「香道」が確立しています。20世紀になると香りの成分を分析したり化学的に合成する技術が飛躍的に向上し、「香料」が化粧品や食品に積極的に利用されるようになってきました。

ところで、現代の私たちの「食」に香りはどう関わっているのでしょうか。ペットボトル飲料やお菓子などの食品表示を見てみてください。たとえば図**5･1**のような記載があるでしょう。食品の原材料表示は、使用量が多い原材料から、次に、添加物を同様に多い順に掲載することになっています。複数の食品表示をみてみると、ほぼどれにも共通して書いてあるものがあります。それが「香料」です。図**5･1**の中にももちろんあります。たくさんの原材料の中でずいぶん後ろのほうに書いてありますから、あまり重要ではないように感じるかもしれません。しかし、キャンディを鼻をつまんで食べてみた

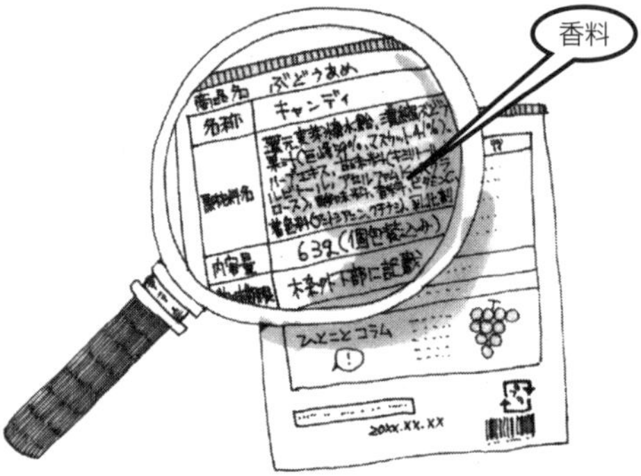

図5･1　食品の原材料表示

ら、ただ甘ったるい味がするだけです。鼻をつままないで食べたら … 巨峰やマスカット「味」がすると感じます。そう、私たちが「味」と感じているもののとても多くは、じつは「香り」が大きなカギを握っているのです。風邪をひいたときにごはんがおいしくないのも、鼻に炎症が起きるために、食べ物の「香り」をきちんと感じることができなくなっているからです。原材料表示で「香料」が後ろのほうにあるのは、ごく少量で大きな効果があるからです。

香りとはどのような物質が関わっているのか、私たちがそれをどんなしくみで感じているのか、研究者は香りをどう調べるのか、さらには香りの重要性などをこれからお話します。

食べ物のおいしさは何で決まる？

食べ物がおいしいかどうかを決める要素のひとつに、食べ物自身の化学的成分と物理的性質があります。化学的成分として、味物質や香り物質があげられます。味と香りは、どちらも食品に含まれる化合物によって私たちが感じるのですが、両者の間には表**5·1**に示したようなさまざまな違いと特徴があります。少し難しいかもしれませんが、がんばってついてきてください。

私たちが食べ物の味を認識するためには、水溶性の味物質が、まず舌などに存在する**味蕾**（みらい）の中にある味細胞（図**5·2**）という味覚受容器に到達することが必要です。味は５つの基本味に分類されるのですが、そのうち甘味、苦味とうま味は、味細胞内にあるそれぞれの受容体タンパク質と味化合物との吸着が起こり、塩味と酸味は、味細胞表面でのイオンの取り込みが起こります。その後５種は、それぞれ別の経路を通じる神経伝達により脳に伝わり、「甘い」とか「酸っぱい」とかを感じます。つまり、食べ物が口に入り咀嚼されることではじめてこの吸着や取り込みが起こり、味を感じることができるのです。それに対し、香りは、香り物質

表5·1　味と香りの違いと特徴

	味	香り
分類	５つの基本味	多種多様
検知	舌（味蕾・味細胞）→ 大脳皮質味覚野	嗅上皮（嗅細胞）→ 嗅球 → 大脳皮質嗅覚野、大脳辺縁系
性質	水溶性	水溶性、揮発性
水中閾値例	0.75（硫酸キニーネ）～ 2000（ショ糖）ppm	0.00002（1-*p*-メンテン-8-チオール）～ 20（バニリン）ppb

図 5·2　香りを感じるしくみ

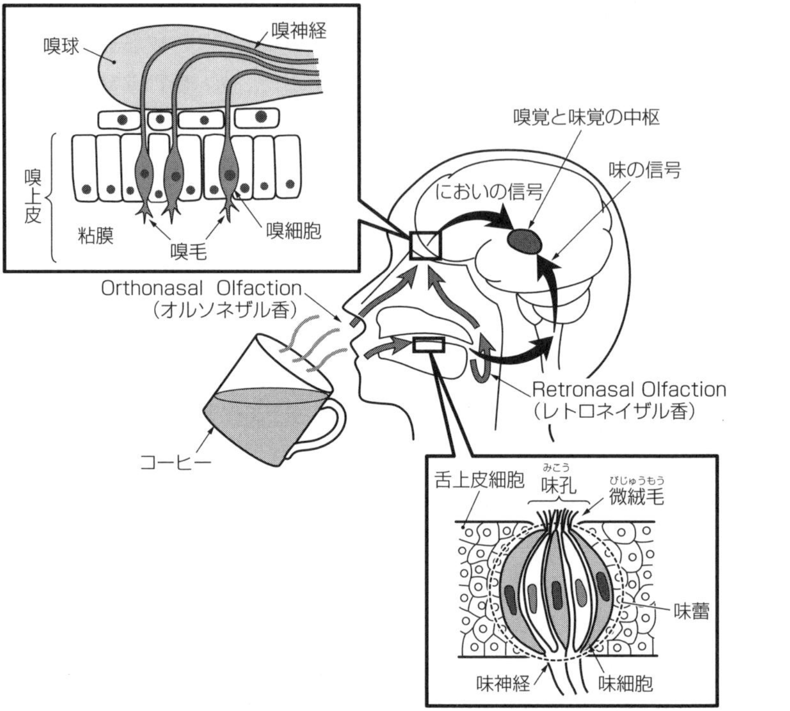

が鼻腔内に入り、嗅上皮粘膜内の嗅細胞の**嗅覚受容体**タンパク質を刺激し、信号が嗅覚の一次中枢である嗅球へ、さらには高次脳で情報処理されて知覚されます（図 **5·2**）。すなわち、香り化合物は、分子の大きさが小さく、空気中を漂うことができる**揮発性**がある必要があります。また、刺激を感じることができる最も低い濃度のことを**閾値**（いきち）といいますが、表 **5·1** に示したとおり、味の中では「苦味」の閾値が最も低くて 0.75 ppm（1 ppm は 0.0001% ですから、これも十分低い！）なのに対し、たとえば香りの閾値の低いもののひとつ、1-*p*- メンテン -8- チオール（グレープフルーツのさわやかだけどちょっと苦いような香り）は、なんとその 3750 万分の 1 という驚くべき低さです。

この特徴から、香りは味と違って、食べ物を口にする前から感じることができます。お蕎麦屋さんの近くで香るだしのいい香り、パン屋さんの前に漂う香ばしい香りに引き寄せられること、ありますよね。つまり、香りは、味と同様に食べ物のおいしさを左右するばかりでなく、危険性や安全性を判断し、自分がその食べ物を口にするかどうかを決める基準にもなるのです。また、香りは味と違って「基本臭」のような分類はなく、香り化合物の数は数十万種類以上ともいわれています。さらに、私たちは「鼻」で匂いを嗅いでいると感じていますが、食べる前に鼻だけで香りを感じる「Orthonasal Olfaction」だけでなく、食べ物を飲んだり食べたりしながら口から鼻に抜ける香り「Retronasal Olfaction」も感じています（図**5･2**）。同じ食品の香りでも、このOrthonasalとRetronasalの香りは異なっています。Retronasalは、口腔内での咀嚼（そしゃく）や唾液との混合、また体温の影響などにより、揮発する香り成分の組成や濃度がOrthonasalとは異なるためだと説明されています。

香りが認知されるしくみ

私たちが香りを感じるメカニズムの詳細は、じつは約30年前からようやくわかり始めてきたとても新しい発見です。1991年にコロンビア大学のバックとアクセルは、ラットの嗅覚受容体の遺伝子を解明し、2004年にノーベル賞を受賞しました。その後、嗅覚受容に関する研究は飛躍的に進展し、それらの遺伝子の情報が香りを認識するタンパク質であることが実証され、嗅覚受容体タンパク質の機能も解析が進んでいます。鼻腔における香気受容体タンパク質の遺伝子の総数は、動物により異なっていて、ヒトには821個ありますが、それらの中で実際に機能している嗅覚受容体は396個、つまり52％は機能していないのです（表**5･2**）。イヌは警察犬の働きなどからもわかるように、ヒトに比べて圧倒的に優れた嗅覚をもっていますが、遺伝子総数ではヒトと劇的な差はなく、受容体の数もおよそ2倍程度の違いでしかない、というのは少し意外に感じます。実際には、鼻腔の嗅粘膜の面積がイヌは圧倒的に広いことが大きく影響していると思われます。受容体数がイヌよりも多いラットやイヌと同程度のカエルがどのように香りを感じているのか、ぜひ知りたいものです。

表5･2　動物種による嗅覚受容体の遺伝子数の違い

生物	遺伝子総数	機能受容体数	偽遺伝子率（％）
ヒト	821	396	52
イヌ	1100	811	26
ラット	1767	1207	32
ニワトリ	344	211	31
カエル	1438	824	38
フグ	86	47	31

資料：東原（2015）をもとに改変

香りを調べる

香りの特性を調べるためには、ヒトが匂いを嗅ぐ方法と機械を使って分析する方法があります。機械を使って香りを分析するためには、まず香り成分を「捕まえる」、つまり捕集・抽出する必要があります。その方法として、① 溶媒抽出法、② カラム濃縮法、③ 蒸留法、④ ヘッドスペース法、⑤ マイクロ固相抽出法、⑥ 超臨界ガス抽出法など、さまざまなものがあります。どの方法にも長所と短所があるので、目的に応じてふさわしいものを選ぶ必要があります。

捕集・抽出した香り成分は、「ガスクロマトグラフ（GC）」や「ガスクロマトグラフ-マススペクトロメトリー（GC-MS）」という装置を用いて分析します。GC や GC-MS では、抽出した香気混合物を、キャピラリーカラムという、細長い中空管の内部に薄く液相をコーティングしたものの中を一定温度条件で通過させて単一化合物に分離し、どんな化合物がどの程度の量含まれるのかを調べます。

ヒトの感覚を使って香りを分析する方法を「官能評価法」といい、嗅覚でも行われます。香りの**官能評価**は、実験室では匂いを嗅ぐ一定の訓練を行った「パネル」により香りの質や強さを調べます。社会の中では、悪臭防止法や日本建築学会に規定された「嗅覚パネル」の選定に合格することを条件とする「臭気判定士」という資格があり、悪臭の数値化が行われています。香料会社にいる「調香師」は、天然香料 500 種、合成香料 5000 種を嗅ぎ分けることができるといわれています。

さらに、研究の分野では、機械での分析と官能評価を組み合わせる手法が用いられています。香り成分の閾値は化合物毎に大きく異なりますから、量が多いものの影響が大きいとは限りません。そこで、GC によって分離された香り成分を、図 **5·3** に示したようにカラムの出口でヒトが直接匂いを嗅ぎ、その質や強さを評価するのです。これを GC－匂い嗅ぎ（Olfactometry）法（GC-O 法）といいます。試料の香気抽出物を、段階的に繰り返し希釈しながら GC-O 法を行うのが AEDA（Aroma Extract Dilution Analysis）法で、これによって、1 食品中に数百種も存在する香り成分の中で、どの化合物の影響度が大きいのかや、その香りの質を同時に調べることができます。

たとえば図 **5·3** の結果を見ると、ピーク 2 の化合物は含まれる量は多いけれど、2 段階目の希釈で匂わなくなっているため閾値が高く匂いの貢献度は弱い、一方で、3 つの中では最も量が少ないピーク 3 は 3 段階目の希釈でもまだ匂っていて閾値が低く、貢献度が高いといえます。

図 5·3 AEDA 法

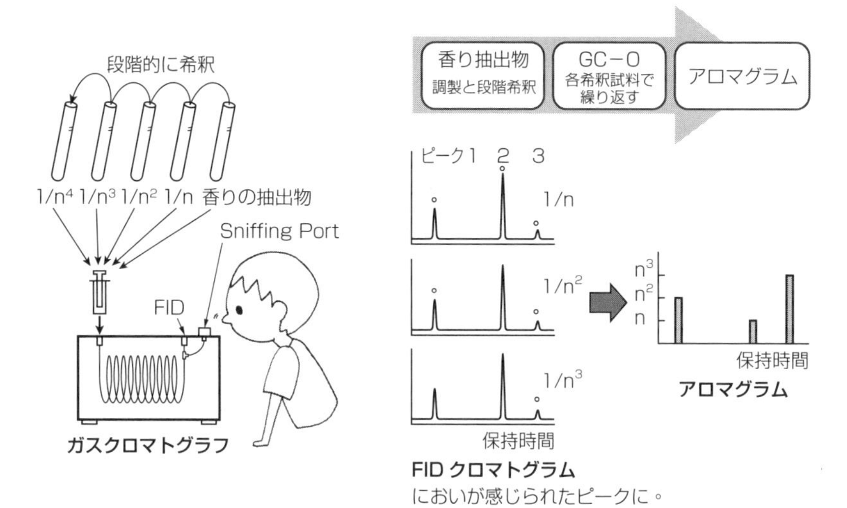

資料：「だしとは何か」熊倉功夫、伏木亨監修（2012）より改編

新しい分析技術が実生活に役立つ

GC‑MS の性能の向上や AEDA 法の活用で、単純に食品の香り成分量を分析するだけではなく、その食品の香りを特徴づける、量が少なくても重要な香り成分が調べられるようになりました。たとえば、温州ミカン、レモン、グレープフルーツ、伊予柑、ユズなどの柑橘類には、香りのベースとして一般に「リモネン」という化合物が 60 〜 95% もの割合で存在していますが、実際にはそれぞれの柑橘はまったく異なる香りです。リモネンは含有量が多くても閾値が高く、各柑橘類に含まれるリモネン以外の微量成分が、それぞれの香りを特徴づけているからです。表 **5·1** で説明したグレープフルーツの特有香成分も、あまりに閾値が低く微量なので発見が遅かったもののひとつです。

日本の伝統的な柑橘であるユズは、汁物の吸い口などとして不可欠な食材で、特徴あるよい香りがします。しかし、やはりリモネンや他の柑橘類にも含まれる共通の香り成分が多くを占めるため、何がカギとなってユズらしい香りとなるのかを明らかにするのは困難でした。香料会社の研究員である宮沢らは、AEDA 法によりクロマトグラム上ではピークとして見えない場所にユズ特有香があることを発見しました。香り抽出物の分画とGC-O法および化学合成などの手法を駆使し、新規物質であるユズノン®とユズオール®（図5·4）を見出したのです。これらの化合物は閾値が非常に低く、ごくわずかに存在することでユズ特有の香りをもたらしてくれます。彼らはこれらの低コストでの合成方法も開発し、「ゆずフレーバー」の製品を販売しました。

図5·4　ユズの香りの特徴成分

家庭であるいはレストランなどで出来立ての料理を食べるときは、もちろん生のユズを使って仕上げればよい香りでおいしくいただくことができます。しかし、現代の食生活では、調理済みの加工食品や、生産されてから一定時間保存される食品と無縁でいることは困難です。香りは揮発性ですから、調理加工された後は徐々に揮発し、弱くなっていきます。そういった調理加工食品にごく微量の香料を添加することで、出来たてに近いおいしさや、よい香りを与えることができるのです。従来からゆずフレーバーの香料はありましたが、その質が格段に高まったという意味で、ユズノン®などの発見は非常に大きなものです。

和食は2013年にユネスコ無形文化遺産に登録されたことから、世界的にもさらに関心が高まっています。いわゆる「和食」だけでなく、洋風の料理や洋菓子にも和の素材を使う流れが見られます。したがって、今回紹介したユズだけでなく、和の素材の香りの研究が進み、新たな重要香気物質が発見されるならば、それらは国内外で幅広い食品に利用されることになるでしょう。

香料産業のいまとこれから

私たちは食品の香り研究に携わっているので、食品の話に偏りがちになりますが、実際には、香料は食品以外でも化粧品や洗剤などの生活用品、アロマテラピー関連商品などに幅広く利用されています。テレビのコマーシャルでも、洗濯用の柔軟剤やシャンプー類など、香りを強調したものが多いですよね。みなさんもそれらの商品は「好みの香り」で購入を決めることが多いのではないでしょうか。

図**5·5**には、近年の香料の国内生産や輸入・輸出の量と金額の推移を示しました。国内生産量と生産額、さらに輸出量と輸出額が増加している傾向がわかります。景気が低迷し人口が減少している中でのこの状況は、日本の**香料産業**の堅調さを示しています。公表されている香料統計の詳細を見ると、生産量・生産額ともに「食品香料」と化粧品や洗剤など用の「香粧品香料」の伸びが順調で、国内生産の香料の7割以上は「食品香料」として使用されています。香料メーカーは世界的にも大規模な企業がスイス、アメリカ、ドイツにありますが、日本の上位2社である高砂香料と長谷川香料は世界でもベスト10に入る規模であり、これらを中心とした国内会社の香料が多くの国産の食品に活用されているのです。

香料の新しい活用分野として、ホテルや自動車などの空調、アミューズメント施設での演出、医療分野での利用などもあります。生活環境の匂いを整えると、心地よさが増しリラックス効果がある、職場では仕事の能率改善効果があるといわれます。遊園地のアトラクションや映画館でより強い印象や感動が与えるために匂いの演出がなされます。

香りの身体的・精神的な効果や影響は伝承医学や植物医学のひとつではありますが、現代の医学的科学的な有効性は十分には確立されていません。しかし、中枢薬理作用や行動薬理作用に関する研究が現在も進められており、科学的な根拠の

図5·5　国内香料産業の統計情報

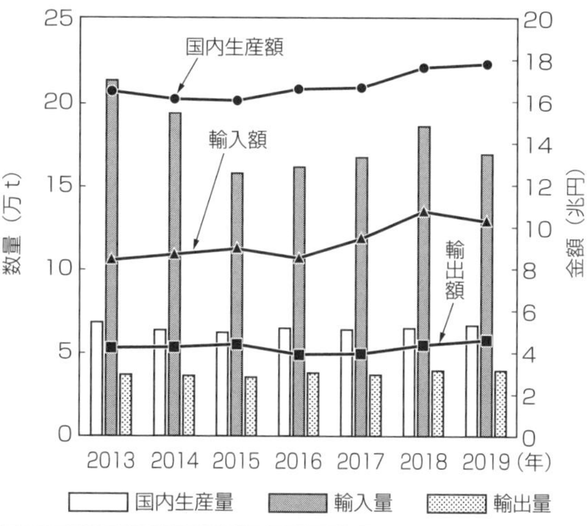

資料：日本香料工業会ホームページより作図

もとに利用が広がることを期待したいものです。

人々の生活が豊かになり、食生活にも自由な選択肢や多様性が生まれています。私たちの食事は、空腹だから、あるいは必要なエネルギーや栄養素を得るために食べる、というよりは、食べたいときに好きなものを好きなだけ食べる、という場合が増えています。また、食品の機能性にも注目が集まり、特定保健用食品、栄養機能食品や機能性表示食品などの市場が拡大しています。さらに、高齢者や疾患を有する人々のための特別用途食品の開発もさかんです。それらの食品では、機能性成分の含有量を高めたり、食品の一定成分を増減したり、食品本来の形状を変化させたりしており、結果的に「おいしさ」という意味での嗜好性が下がる場合があります。

深刻な高齢社会となっている日本で、高齢者の低栄養は大きな問題です。なかでも咀嚼・嚥下機能に問題がある場合は、刻み食やミキサー食、とろみ付けをした食事などを摂取することになり、食事の嗜好性は低下します。それらをより食べやすく、おいしくするための質の高い香りの利用は、今後ますます必要性を増すのではないでしょうか。この講義の最初にも述べたとおり、香りは食べ物を口に入れる前から感じることができ、食べよう、食べたいと思わせる力があります。香りの上手な活用で、人々の食が、そして生活が、より豊かで幸せなものになるはずです。

（若林素子）

〔課題〕

1. 市販の食品の中で、「香り」（香料）が効果的に生かされているものを複数探し、それらの食品にどのような共通点があるかを調べてみましょう。

2. 上記で調べたことを活用し、「香り」を活かしたあなた独自の新商品を考えてみましょう。商品の特長、商品名、内容量、希望価格、対象購買層などを提案する必要があります。

もっと知りたい人への〔推薦図書〕

1. 倉橋・福井・光田著『トコトンやさしいにおいとかおりの本』日刊工業新聞、2011年

香り全体についてイラストたっぷりで学びたいあなたへ。

2. 亀岡弘著『エッセンシャルオイルの科学 ― 精油の正しい知識と理解を深めるために』フレグランスジャーナル社、2008年

香りの原料や成分をくわしく知りたいあなたへ。

第6講 いつまでも食べ続けたい

誤嚥・誤飲の対策

超高齢社会という新たなチャンス到来！

日本が「超高齢社会」だということは、一度はニュースなどで耳にしたことがあると思います。ここではこうした世代での便利さについてみていきましょう。

そもそも「超高齢社会」って何でしょう？　それって、悪いことなのでしょうか？　食と関係があるのでしょうか？　まず表**6·1**で日本の人口が高齢化した速度をほかの国と比較してみましょう。

65歳以上の人口が7%を超えた「高齢化社会」になってから、14%を超えた「高齢社会」になるまでにかかった年数をみると、日本は24年です。それに対してアメリカは71年、イギリスは47年、フランスはなんと115年もかかっています。日本は変化のスピードが速いということです。**超高齢社会**とは、さらに65歳以上の人口が21%を超えた今の社会のことを指します。2020年の日本の人口の28.7%、4人に1人以上が65歳以上の高齢者となっています。さらに14%から21%になるのにかかった年数はたったの12年！　いくらなんでも速すぎでしょ！　ということで、医療費が足りないとか、働き手が少ないなどの問題が起きているのが、今の日本の状態です。でも、これをチャンスととらえて、変化に対応しようと介護事業への参

表6·1　人口高齢化速度の国際比較（単位：年）

国　名	65歳以上人口比率の到達年次		7%から14%への所要年数
	7%	14%	
日　本	1970	1994	24
イギリス	1929	1975	46
アメリカ	1942	2014	72
フランス	1864	1979	115

資料：国立社会保障・人口問題研究所「人口統計資料集」（2018）をもとに改変

入拡大や、高齢就業者支援などの取り組みも始まっています。まだまだ課題も多いですが、みんなで超高齢社会を乗り切ろう！　ということで**アクティブシニア**という新しい言葉も出てきました。これからは高齢層向け商品の売り上げ増加が期待できます。特別養護老人ホームなどの施設が足りないので、今までは入所できていた介護の必要な高齢者に、自宅で過ごしてもらう必要がでてきます。この在宅介護の増加により、在宅向け介護食の市場規模は5年間で2倍に達する見込みです。

年齢を重ねると体はどうなる？

ところで年を重ねると、体にはどんな変化が起きているのでしょうか？　生きるために欠かすことのできない、「食べる」ことに関係する体の変化をみてみましょう。まず歯の欠損により噛（か）む力、咀嚼力（そしゃくりょく）が低下、咀嚼回数が減少し、唾液など消化液の分泌能力や酵素活性が低下するといわれています。味覚も変化し、とくに塩分を感じる最小濃度（閾値）が上昇するので、食塩の取り過ぎに注意する必要があります。さらに口渇中枢機能の低下により、のどが渇いていることがわからなくなり、水分欠乏症やひどくなると脱水症を引き起こします。

表**6·2**に示すように加齢により1日に必要なエネルギー量は少なくなりますが、タンパク質、無機質、ビタミン類の必要量は若年層とほとんど変わりません。高齢者こそ肉を食べよう！　といわれるのはこのためですね。しかし高齢者の中には、何かしら疾患があることや、きちんとした食事をとらないためにエネルギーやタンパク質などが不足してしまい、体重の減少、食欲減退、疲れやすい、歩けなくなるといった症状が起きてくる**フレイル**から**低栄養状態**になってしまう方も多くいます。

表6·2　日本人の食事摂取基準（1日当たり）

年齢区分	18〜29歳	65〜74歳以上	75歳以上
エネルギー（kcal）	2650	2400	2100
タンパク質（g）	65	60	60
脂肪エネルギー比率（%）	20〜30	20〜30	20〜30
カルシウム（mg）	800	750	700
ビタミンA（μgRAE）	850	850	800
ビタミンB_1（mg）	1.4	1.3	1.2
ビタミンC（mg）	100	100	100

資料：日本人の食事摂取基準（2020年版）より“男性・身体活動レベルII”作表

クオリティー・オブ・ライフ（Quality of Life：QOL）、つまり生活の質の維持のためには、口から食べることは欠かせません。しかし、加齢により食べることが難しく低栄養状態になってしまう人やその予備軍であるフレイルが多いことも、超高齢社会の問題点です。食べること、つまり摂食・咀嚼・嚥下（えんげ）のどこかの段階に問題がある高齢者が多く、うまく食べられないことから食べる楽しみがなくなり、低栄養・脱水症状になるという悪循環が、飽食といわれる先進国の日本で起きているということをぜひ知ってください。

口から食べることが危険！？ ― 安全に食べるために

毎年お正月になると、お餅による窒息事故がニュースになります。必要な栄養素を摂取するために口から食べることは欠かせませんが、悲しいことにそれが死につながることがあるのです。人は咀嚼によって、のど（咽頭）を通過できる大きさに食物を小さくしてから飲み込み（嚥下）します。しかしお餅は高齢者には噛み切ることが難しく、小さくすることができないまま咽頭に侵入するので、窒息する原因となります。また3歳以下で奥歯が生えそろっておらず、うまく噛み砕けないことがあります。丸くつるつるしたピーナッツやキャンディーで窒息する可能性があるので、3歳以下には食べさせない、もしくは小さく砕いて与えるようにしましょう。

食べ物ではないもの、たとえば硬貨や小さな電池などを飲み込み、それが食道や胃などに入り込むことを**誤飲**と呼びます。口で舐めることで食べ物かどうか判断して成長する乳幼児に多く見られます。とくに1歳から3歳は、何でも口にくわえて物を確認します。トイレットペーパーの芯の中に入るものは、何でも飲み込んでしまうといわれています。家族が注意をして手の届かない場所に保管することが必要です。また、高齢者で認知症などがあると誤飲の危険性は高まります。最近では薬の包装フィルムや義歯などで、消化管を傷つけることが問題になっています。

さらに、人は口から食べた食べ物の通り道と空気の通り道が咽頭でつながっていて、食べ物が誤って気管や肺に入る**誤嚥**（ごえん）が生じることがあります。健康な人は、誤って気管に入った異物を咳によって出すことができますが、老化や疾患、認知症などでは誤嚥の危険性が高くなり、肺炎につながることが多々あります。誤嚥を防ぐには、咽頭を低速度で、まとまって通過するゼリーのようなゲル状食品の摂取が有効です。咽頭部を速い速度で通過する水やお茶は、誤嚥の危険性が高く、とろみ調整食品などを用いて、「とろみ」つまり粘度を付けることによって誤嚥を防ぎます。

窒息や誤嚥を防ぐためには、一口の量を少なく調整することや、食べる姿勢を工夫するなどが行われていますが、食物の状態、とくに物性を変えることも重要です。高齢者食の中でも介護食、とくに噛むことや飲み込むことが困難な咀嚼・嚥下困難者の食事として、きざみ食、ミキサー食、ゼリー食などが利用されています。その人の噛む力・飲み込む力に応じて、食品の状態を変える必要があります。

表**6·3**に、ユニバーサルデザインフードの区分表を示します。主に在宅向けのレトルト食品や冷凍食品などの調理加工食品をはじめ、とろみ調整食品など日本介護食品協議会が制定した規格に適合する商品だけに区分を示すマークを付けています。食べやすさに配慮し、噛む力、飲み込む力に応じて、食物のかたさの目安と物性規格を示してあります。利用する高齢者や家族はこの区分を目安に食品を選択することができ、食品製造者は物性規格をもとに商品を企画・開発することができます。2020年現在、約2000種類の商品が登録されていて、2010年の登録数500種類

表6·3　ユニバーサルデザインフードの選び方（区分表）

区　分		区分1 容易にかめる	区分2 歯ぐきでつぶせる	区分3 舌でつぶせる	区分4 かまなくてよい
噛む力の目安		かたいものや大きいものはやや食べづらい	かたいものや大きいものは食べづらい	細かくてやわらかければ食べられる	固形物は小さくても食べづらい
飲み込む力の目安		普通に飲み込める	ものによっては飲み込みづらいときがある	水やお茶が飲み込みづらいときがある	水やお茶が飲み込みづらい
かたさの目安	ごはん	ごはん～やわらかごはん	やわらかごはん～全がゆ	全がゆ	ペーストがゆ
	魚	焼き魚	煮魚	魚のほぐし煮（とろみあんかけ）	白身魚のうらごし
	たまご	厚焼き卵	だし巻き卵	スクランブルエッグ	やわらかい茶わん蒸し（具なし）
	調理例（ごはん）				
物性規格	かたさ上限値 N/m^2	5×10^5	5×10^4	ゾル：1×10^4 ゲル：2×10^4	ゾル：3×10^3 ゲル：5×10^3
	粘度下限値 mPa･s			ゾル：1500	ゾル：1500

1. 上記表の「噛む力、飲み込む力」の目安や、「安易に噛める」など各「区分形状」を参考に、区分を選びましょう。
2. 噛むことや飲み込むことに重要な障がいがある、または、それが疑われる場合は医師や専門家に相談すること。

資料：日本介護食品協議会より

から確実に増え、注目されていることがわかります。また特別用途食品に位置づけられている「えん下困難者用食品」には、かたさ、凝集性、付着性の範囲が規定されていて、これらテクスチャー特性をコントロールすることで嚥下機能に考慮した食品を作ることができます。

誤嚥することなく安全に嚥下するためには、食品の物性をコントロールすることが有効ですが、すべてゲル状の食品になるともとの食品がわからなくなり、食べる意欲が低下します。食べる楽しみを与えるよう、味はもちろんおいしく、見た目もよく、手間などコストに配慮した高齢者食が求められています。

そもそも「おいしい」って？

食物を食べるときに、おいしさといえば、まず何を思い浮かべますか？　食品を前にしたとき人は、まず目で形や色をとらえ、鼻には香りが届き、手に取って口に運ぶと舌が甘い・塩辛いなどの味を感じ、噛むと歯が形や粘りを感じとって、音が耳に響きます。舌で感じる「味覚」、だけでなく、目で見る「視覚」、鼻で嗅ぐ「嗅覚」、手や舌で感じる「触覚」、耳で聞く「聴覚」の**五感**すべてが働いて、おいしいと感じるのです。おいしさに占める割合として味覚が1～5%、なんと視覚が80%といわれています。

たとえば表**6･3**に示したごはんの調理例ですが、噛まなくてよい区分4の写真だけを見て、おかゆだとわかる人はいるでしょうか？　おいしそう、食べたいと思うでしょうか？　写真**6･1**の料理も同じですね。またおいしいという感覚は、視覚的体験にも左右されるため、食べなくても食べ物の形や色、つやなどにより「おいしそう」と感じることができます。

五感で感じる生理的なおいしさに対して、心理的なおいしさとして、経験や、情報、環境も関わります。高齢者の場合、これまで食べてきたものには安心感や楽しかった思い出などの食経験があるため、固定のものをおいしいと感じ、新しいものやこれまで食した経験のないも

写真6･1　介護食の例

魚のすり身を魚の形にして、とろみをかけた例。調理の手間がかかるが、魚とわかって食べてもらえる。
出典：メディケア食品より

のになかなかチャレンジできないことがあり、これまでの食習慣を変えることが難しくなります。

苦いフィルム！？　スプーンですくえるたけのこ！？

注目されている高齢者食の分野ですが、近年では大きく進化を遂げていて、たとえば薬の誤飲について、同時に飲む薬をまとめて一包化する取り組みが増えています。また、食品衛生法に適合した透明な苦味コーティングを誤飲のリスクを低減したい製品の表面に貼り付けて、誤飲を防ぐフィルムも開発されています。

さらにキーワードは「おいしそう」です。生命を維持するために、人は１日３食食べなくてはなりません。安全で誤嚥しにくい食品であることは重要ではありますが、見た目で食欲をそそらない食品が、介護施設や高齢者の食卓で供されているのが現実です。どんなに安全で栄養満点な食事を作っても、食べてもらえなければ低栄養となります。介護施設等の入居者の半分以上が『低栄養』状態という統計もあります。今後、在宅高齢者の増加が予想される中、それらの課題を乗り越えるために、さまざまな取り組みが行われ、とくに注目されている例を紹介します。

広島県食品産業技術センターで開発された凍結含浸法は、酵素や調味料などを食材の中心まで均一かつ素早く染み込ませる技術です。酵素を染み込ませることで食材のかたさを調節することができ、加熱時間が短くてよいことから、食材本来の栄養素や色、風味が失われにくいのが特徴です。凍結含浸法で製造された高齢者食は、普通の食事と見た目は同じで、少しやわらかいものから、スプーンで簡単につぶれるくらいやわらかく製造することが可能で、食事を目で見て楽しむことができます。「介護食に革命を起こす」技術として注目されています。

写真 6·2　凍結含浸たけのこ

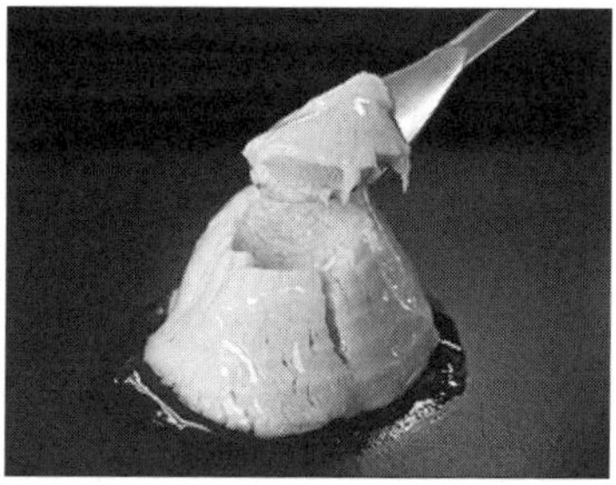

出典：広島県食品工業技術センター技術解説より

このような食品産業の技術革新により、今後さらなる超高齢社会に適した商品や技術が開発されることが期待されています。

アクティブシニアをつかめ！

一言に高齢者といっても介護食が必要な人ばかりではなく、「アクティブシニア」と呼ばれる、自分なりの価値観をもち、定年退職後にも趣味やさまざまな活動に意欲的な元気なシニア層（前期高齢者：65 ～ 74 歳）もいます。とくに、2007 年以降に定年を迎えた団塊の世代を指すことが多いです。一般に高齢者は贅沢を好まない傾向が強いですが、高度経済成長において消費の中心的な役割を果たしてきたアクティブシニア層は、健康で旺盛な消費意欲があり、自分なりのこだわりを大事にしていることも大きな特徴です。健康に対する関心がとりわけ高く、本当においしいもの、健康に役立つもの、質の高いものならお金を惜しまない傾向が強いといわれています。これに応えるように、アクティブシニア向けのレストランやグルメ情報などが増えています。加齢による身体的変化により、量は少なくとも、質が高く、ヘルシーであることが求められ、目を楽しませることで精神的な満足が得られるものが望まれます。

高齢者は、長い人生の中で培われた食習慣が固定化しているので、これまでの食習慣を変えることが難しくなります。お正月にはお餅が食べたいのです。また家族と同じものを食べたいという欲求もあります。若年層よりさらに多様性が求められ、身体的、社会的背景を考慮し、個人に合わせた柔軟な対応が要求される高齢者向け市場は、ますます拡大するチャンスがあります。これからの時代は、口から安全に食べられる商品で高齢者の胃袋をつかむことが食ビジネス成功の鍵となるでしょう。

（谷米温子）

〔課題〕

1. 五感を使って食で人を幸せにしている身近な例を探して、自分なりの方法も考えてみよう。

2. 誤嚥・誤飲を防ぐためにあなたならどうする？ 自分なりの方法を考えてみよう。

もっと知りたい人への〔推薦図書〕

1. 日本フードスペシャリスト協会編『三訂フードコーディネート論』建帛社、2012 年

「おいしい」について考えたい人におすすめです。

2. 下山和弘・秋本和宏編『カラー版 やさしい歯と口の事典』医歯薬出版、2018 年

高齢者の食も含めた「口」について学べます。

● コラム ― 学生がひっぱる藤沢市の地産地消

藤沢産の旬の野菜を、農家の畑で収穫→オリジナルレシピを考えてテレビで披露→市役所で市民のみなさんに食べてもらう！　フードコーディネート研究室の取り組みを紹介します。

大学のある神奈川県藤沢市は温暖な気候と都市近郊の立地条件を生かし、さまざまな野菜が生産されています。大学近くには JA の大型直売所わいわい市もあり、藤沢市も**地産地消**に力を入れています。

藤沢市のケーブルテレビの広報番組コーナー「収穫 Go ！」ではわいわい市からご紹介いただいた旬の野菜を生産している農家さんの畑に学生が伺い、生産の苦労や農家ならではのおいしい食べ方、収穫体験などを通じて、その野菜の魅力を視聴者のみなさんにわかりやすく伝えています。

「ふじさわごはん」撮影の様子

授業で学んだことを実社会で生かす貴重な経験ができます。

さらに畑で学んだことをお皿に表現。オリジナルレシピを考案し、市の広報番組のお料理コーナー「ふじさわごはん」に出演、農家の想いに自身の想いを加えて披露します。大根の葉っぱまで生かした一皿やトマトたっぷりのレシピなど、旬の野菜の特徴を生かした学生ならではの新しいアイデアで、より地産地消への意識をもってもらえるようにレシピを提案しています。テレビで放映後は YouTube にもアップされ、広く藤沢産野菜の魅力を伝えています。これは藤沢市地産地消推進計画にも位置づけられている取り組みです。

さらにさらに、藤沢市役所分庁舎１階の福祉喫茶室「らいく・みーこむ」で、学生が考案したレシピを取り入れた定食の提供。就労支援の取り組みの中で、市役所を訪れる市民の方に学生オリジナルレシピを実際に食べていただき、アンケートで感想を頂戴しています。野菜がたっぷりでおいしい、地産地消の意識がもてたなど、大好評です。これらいただいた声を次のレシピ作りに生かしています。これからも藤沢産野菜の魅力を学生が農場から食卓までわかりやすくお伝えして、藤沢市の地産地消を推進していきます！

（谷米温子）

第 II 編

食の多様なあり方

豊かさの先の食

第7講 アメリカ人は何を食べているのか?

飽食国家を覗いてみれば

本講からは、便利さの先の豊かさについて考えていきましょう。

豊かな国、アメリカ。

アメリカ合衆国（以下アメリカ）は世界でも豊かな国のひとつです。映画やドラマで見るような何部屋もあるセントラルエアコンの大きな家、広く機能的なキッチン、天気を気にすることなく洗濯ができるための乾燥機、移動はほとんど車、主婦を家事から解放し、快適と効率さを追求しています。そのため、日本と比較して、1人当たりのエネルギー消費量は約2倍にもなります。スポーツや演劇もさかんで、おおいに盛り上がる姿を見ていると、いかに人生を楽しむかがアメリカ人のテーマのように感じます。

その姿は食事についても通じるところがあります。量が多いのはもちろんのこと(1人当たりの食料消費は日本の1.34倍)、イギリスのように栄養を追求しているわけでも、フランスやイタリアのようにおいしさを追求しているわけでもなく、アメリカ人は食においても、効率と楽しむことを追求しているように思えます。

アメリカの食文化はどうやって形成されたのか?

効率や快適を求める今のアメリカは、どのように作られてきたのでしょうか。現在のアメリカは多くの移民やその子孫で構成され、各地で故郷の味がアメリカの食を形成してきたのです。図7･1は、その様子を簡単に図式化したものです。また一方で、経済の発達が**食文化**に大きな影響を与えます。とくに共通の食文化をもたないアメリカでは、食の変化に対する自由度が大きく、経済合理性が食文化に影響を与えたといえます。それでは少し歴史を振り返ってみましょう。

コロンブスの「新大陸発見」以降のアメリカでは、スペイン人がフロリダに、イ

図 7·1　アメリカ合衆国における食の伝播

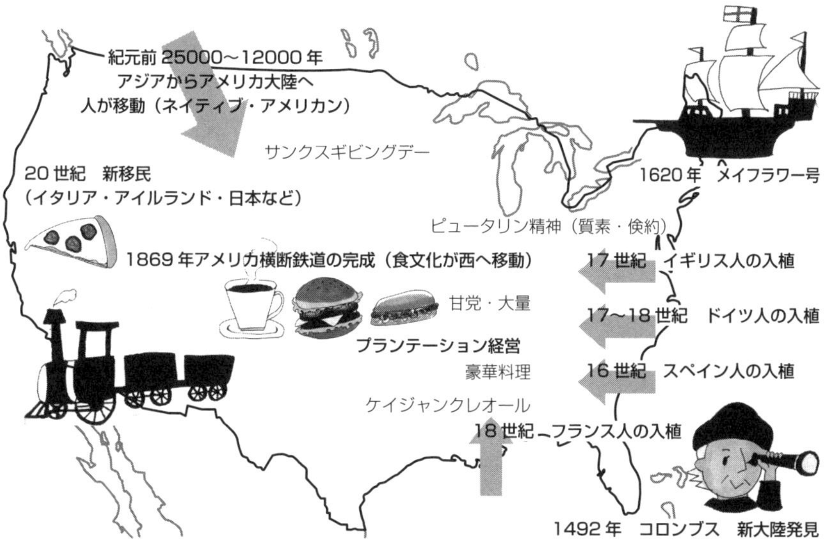

ギリス人がニューイングランドに入植し、その土地の食材を用いて**郷土料理**を再現しています。とくにイギリスからの入植者は、アングロサクソン系の清教徒が多く、のちにアメリカ発展のけん引役として活躍した人々でもあり、現代のアメリカの食文化の根底には、質素・倹約というその当時の彼らの生活様式や思想が反映しています。

18 世紀になると、フランス人がルイジアナに入植し、ケイジャンやエトフェ、ガンボなどのケイジャン・クレオールという新しいフランス料理が生まれました。またドイツ人がペンシルバニアに入植し始め、スクラップルやピクルスなどがアメリカの食に加わりました。さらにドイツ人は非常に甘党で大食漢だったといわれています。こののち南部ではプランテーション栽培がさかんになり、大富豪階層が登場し、食事はどんどん豪華になっていきます。

20 世紀になると、新移民と呼ばれるイタリア系、アイルランド系、東ヨーロッパ諸国からの人たちがアメリカに移住します。とくにイタリア系移民がもたらしたオリーブオイルやサラミ、ボローニャソーセージは広く普及していきました。今ではパンピザはアメリカを代表する食品ですし、ミートボールスパゲティは、本場のイタリアにはないアメリカのパスタです。新移民に続いて、中華系、メキシコ系、日系の人たちもアメリカに移住しました。チャプスイやトルティーヤ、コメ、醤油などは、今ではアメリカのどこの町でも普通に食べたり買ったりできる食品となっています。

社会の変化も食に影響を与えています。ボストン茶会事件や19世紀の禁酒運動の時代にコーヒーや紅茶、砂糖の消費量が急増しました。当時は西部開拓がはじまり、簡単に作れて栄養があるもの、たとえばベーコンやポークアンドビーンズなどが普及しました。そのころ冷蔵庫が一般家庭にも普及し始め、夏場でも乳製品や肉類を食べることができるようになり、消費が拡大しています。

1896年にファニー・ファーマーによる『ボストン・クッキングスクール・クックブック』が出版されています。これはマニュアル化された最初の料理本で、現代まで脈々と発刊し続けています。記述は簡潔・簡素であり、スプーンとカップで量がわかるようにし、多民族なアメリカにおいても、誰でも失敗せず料理が作れるようになりました。これ以降、マニュアル化された簡単で栄養のあるアメリカの食事が確立されています。

1920年代、アメリカは世界に先駆けて**大衆消費社会**を実現しました。産業が発展し、人々が都市に集まるようになり、モータリゼーションがおこり、主婦も働きに出る社会になりました。それまでの本格的な料理よりも、ほどほどの味でも、ボリュームがあって、栄養があり、衛生的で、合理的な食事に需要が集まり始めました。つまり冷凍食品をはじめとする加工食品の需要が急増したのです。当時の食品企業はテレビやラジオなどのマスメディアを使い、合理的な料理をつくる番組やコマーシャルを流し、認知度を高めていきました。そのころ、セルフのスーパーやドイツ由来のハンバーガーのファストフードチェーンが登場し、さらに合理的な料理が推し進められていきました。

1930年代の世界恐慌期には、一気に倹約志向が高まり、安売りを掲げるセルフのスーパーマーケットに人々が集まり、小売店の淘汰、規模拡大が進みました。第二次世界大戦後、合理性、効率性の追求はさらに進み、1954年、冷凍食品企業のスアンソン社が一皿冷凍食品（主菜 + 副菜）を発売しました。これは温めるだけで簡単に調理ができ、当時は観たいTVを中断しなくて済むということで**TVディナー**と呼ばれました。1955年にはマクドナルドがチェーン展開をし始めるなど、企業は資本力を強めていきました。それにより大規模な広告を展開することができ、ファストフードとTVディナーは、人々の需要に受け入れられ、業績を格段に伸長していきました。

2018年現在、冷凍食品の製造出荷額は食品製造業全体の6.1%の482億ドルで、10年前と比べて30.6%も増加しています（年率2.7%増）。またハーゲンダッツやジュリア・チャイルドによる本格的フランス料理の普及などにより、食の楽しみが増すとともに、食はより豪華に、よりカロリーの高いものになっていきました。

アメリカ人は肥満だらけ？

現在、食あまりとなったアメリカでは、成人の**肥満**（BMI 25以上）割合は約6割だといわれています。2000年の連邦政府のCDC（疾病予防センター）の調査結果をみますと、1991年に比べ、成人の超肥満者（BMI 30以上の者）は60%増加しています。不適切な食生活、運動が不十分な生活、過剰なアルコール摂取の組み合わせで、1年間で40万～200万人もの命を奪っていると警告し、食生活との関連が強い冠状動脈性心臓病、がん、脳卒中、糖尿病、高血圧だけで、年間700億ドルの医療費がかかると試算されています。一部の専門家は国民全体が飽和脂肪の摂取を1%削減するだけで、年間3万件もの冠状動脈性心臓病を防ぐことができ、医療費を10億ドル削減できると試算しています。

もう少しくわしくみると、糖尿病疾患は先住民に多く、高血圧は、白人より黒人が多くなっています。これは先天的な違いによるものとも考えられますが、国民皆健康保険制度の日本と異なり、アメリカでは健康は自己責任との考え方の下、貧困層は医療保険に入っておらず、病気になっても病院に行けず、ましてや健康診断を受けることもないという事情と無縁とはいえません。貧困層では、肥満や高血圧が自分の命を縮めるという認識がないともいわれており、結局、健康が教育・知識・情報が得られる階級であるかどうかという**所得格差**の問題になっています。

実際どのくらい食べているの？ ― 供給熱量からみるカロリー

それでは、アメリカの人たちはどのくらい食べているのでしょう。表**7･1**は

FAO（国際連合食糧農業機関）が公表している食料需給バランスデータを使い、日米の食料供給と食料消費を比較したものです。まず1人当たりの1日の総熱量をみると、アメリカが3,639 kcalで、日本が2,719 kcalです。じつに920 kcal、ほぼ1食分の差があります。とくにアメリカでは1日の脂質供給量が162 gと多くなっており、日本と比較して74 g（666 kcal）多く供給されています。総供給熱量を植物由来の食品と動物由来の食品でみてみると、アメリカではその比が73：27であるのに対し、日本では80：20と植物由来の食品からの熱量の割合が高くなっています。

品目別で特徴的な箇所をみていくと、まずアメリカのほうが1日当たりの**供給熱量**が高い品目は、植物油（アメリカのほうが336 kcal高い）や糖類（同303 kcal）、牛乳（同261 kcal）、肉類（同246 kcal）、動物性油脂（69 kcal）、果物（62 kcal）などであり、糖分や油、乳製品などの品目が多くなっています。甘くて脂っこい、肉類や乳製品が多い、というアメリカの食の特徴をこれらの数字が裏付けをしています。

表7·1　アメリカと日本における1人1日当たりの供給熱カロリーの違い（2011年）　（単位：kcal）

品　目	アメリカ	日　本
総合計	3,639	2,719
植物由来	2,644	2,166
穀類	798	1,051
根菜類	99	60
糖類・甘味料	569	266
豆類	30	16
ナッツ類	8	11
油料作物	72	110
植物油	701	365
野菜類	69	73
果実類	111	49
コーヒー茶	21	21
スパイス類	8	12
酒類	158	127
その他	0	4
動物由来	995	553
肉類	432	186
ホルモン類	1	8
動物性油脂	101	32
牛乳	373	112
玉子	53	75
魚類	36	138
その他の水産物	0	2

注：両国を比べて多いほうの値には網掛けをしている。
資料：FAOSTAT

逆に日本のほうが高い品目は、穀類（日本のほうが253 kcal多い）や魚類（同102 kcal）、油糧作物（同38 kcal）、玉子（22 kcal）などがあげられ、相対的に熱量の少ない品目の消費が多く、日本の食の特徴がこの表でも読み取れます。

肥満の裏にあるもの — 食品企業の戦略

現在のアメリカの食料生産量は、輸出分を除いても、人口の2倍を養うともいわれています。しかし、20世紀初めには食料不足で、アメリカ人の死亡と疾病の主な原因は、カロリーと栄養の摂取不足に起因する感染症でした。その当時の産官学の目標は、「あらゆる食品をもっとたくさん食べることを奨励する」ことで一致していました。その後、アメリカ経済が発展し、人々はさまざまな食品を手に入れるようになり、食生活が改善されてきました。そののち、こんどは食べ物があふれ、アメリカ人の栄養上の問題は、逆に**栄養過剰**へと変化してしました。こうなると、食べる量を減らしましょうとなるわけですが、これは消費者にたくさん食べて、売上を上げたい食品業界の利益とは相反することになります。

アメリカは法治国家です。法律で人々の自由を規制しているともいえます。しかし、いいかえれば法律内であれば自由に行動してよいということであり、法律の中身が重要となってきます。食品企業は、競争の激しい市場で自分たちの製品を売るために、優位な環境を作り、それを守ろうと法律、規則、社会的手段などあらゆる手を尽くすものです。目にみえるものとしては、政府に影響を及ぼす**ロビー活動**を展開していくことです。自分たちの都合のよい法律を作るよう議会に圧力をかけ、都合のよい規則を作るために政府機関に圧力をかけ、都合のよい貿易協定を結ぶようにホワイトハウスに圧力をかけるのです。食品関係だけで1,000ほどのロビイストとロビー団体があるとされ、共和党、民主党の二大政党へ、連邦規則で許されている政治活動委員会への資金提供のほか、州法で許可されている政治献金、贈り物、そして「回転ドア」といわれるロビイストと連邦官僚との仕事の交換などのさまざまな形の献金をし、影響力を保っているのです。

その他の戦略としては、食の専門家を味方につけるというものがあります。この戦術は「一流の専門家を見極め、そうした人々をコンサルタントもしくはアドバイザーとして雇ったり、そうした人々に研究助成金を与えることによって最も効果を発揮する。(中略) この戦術はあからさまであってはならない。専門家自身に客観性と行動の自由を損なっていると認識させてはならないからである。この種のプログラムは、少なくとも、主要な専門家が規制の対象である企業の利益に反する証言をしたり、そのような文章を書いたりする恐れを小さくする」(Owen,Braeutigam The Regulation Game：Strategic use of the Administrative Process, Cambridge,Ballinger 1978) と説明されています。

その他の戦略でとくに注目したいのは、子どもをターゲットにしたマーケティングです。ア

メリカの子どもにとって栄養上の最大の問題は、体によくない食べ物を食べ過ぎ、カロリーを取り過ぎているということです。**子どもの肥満**が増えている原因は多岐にわたりますが、消費する食品の質と量が大きく関わっているのはたしかです。

一方、食品企業は、よりよい食生活を提供することに加えて、よりたくさん買ってもらうための**マーケティング活動**を行っています。いくつかの食品企業は子どもを「誘惑」して商品を買わせる、または買ってくれと親にせがませるために、多大な創作エネルギーと膨大な資金を使っています。

これが社会問題となった2007年、マクドナルドやキャンベルスープ、ペプシコを含む11の大きな食品販売業者が、12歳以下の子どもに対する一定の栄養の基準を満たさない食品の広告を自主規制するようになり、以前のような露骨な子ども向けのマーケティングは減ってきました。しかし、子どもの健康を守るというのは大きなテーマであり、自由市場経済の中で**食品企業**のマーケティングが子どもたちにどのように関わっていくのか、今後も注視しなければなりません。

「食」のレジャー化に対する政府の動き

できるだけ効率的に健康を維持するためには、バランスのとれた食生活が不可欠です。それは栄養欠乏を防ぎ、正常な代謝を保つのに必要なエネルギー、ビタミン、ミネラル、そのほか必須栄養素を供給するものでなければならないと同時に、このような栄養素を過剰に含んではいけないということになります。食は個人的な遺伝的な違い、文化、経済、地理などにも影響しているものの、国全体レベルでみれば、果物と野菜をたくさん食べ、動物性の食べ物と動物性の脂肪の摂取を制限し、カロリーバランスを取ることが慢性病の予防に有効だということは一貫して研究者が主張していることなのです。

アメリカでは、農務省が**食品ガイド・ピラミッド**（図7·2）という毎日の食品を選ぶ目安となる指標を作成（1992～2011年）していました。これは、植物性の食品を中心とした食生活を推奨していたものです。実際、この図が現在の形に落ち着くまでには紆余曲折がありました。食品関連団体からすれば、自分たちが作っている

図7·2 食品ガイド・ピラミッド

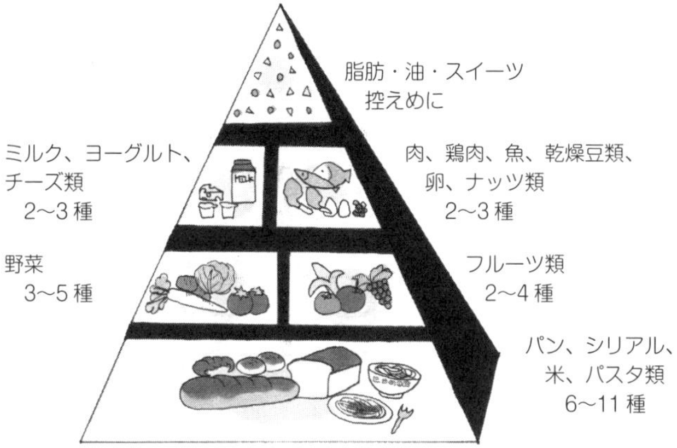

資料：アメリカ農務省（USDA）

商品が、この図に入るのか、入るとしてもどの位置に、どのくらいの大きさで描かれるのかが最大の関心事で、政府に対してさまざまな圧力がありました。またこの図が保健省ではなく農務省から出されているのも興味深いところです。しかしある調査によると、これを実践していた児童の割合は1%であるという衝撃的な数字が出ています。むしろ逆型のピラミッドになっていて、まったくの看板倒れだったということです。これは「禁酒法」や「純正食品・薬品法」の失敗に通じるところがあります。2000年当時、ヴィクター・ハイザー博士が「大半の人々は食べ物を一種のレクリエーションと思っていて、体の機能を保つエネルギー源とみなす人などほとんどいない」と嘆いていますが、現在でもその傾向が見られるようです。

しかし、このような傾向の中、すべてが絶望的ではないようにも思えます。低年齢層向けの食育教育の効果が少しずつ現れ始め、大学生が、スーパーやモールで有機野菜などの**オーガニック食品**を食べる運動を行っている光景はアメリカではよく見かけます。実際オーガニック食品の店舗は客であふれ、繁盛し、**ファーマーズマーケット**も大にぎわいです。肥満による医療費の負担が社会問題になった1977年、マクガバン・レポートで食生活の改善が提示されるようになり、健康志向が高まりました。このレポートでは脂質を避け、野菜を多く採るように示唆され、とくに戦前の日本の食事は理想的であるとの指摘を受け、全米で**ヌーベル・ジャパニーズ**がみられるようになりました。また自由な研究を背景に多くの商品が開発されています。たとえば、パン、パスタ、うどんなど、グルテンが含まれている食べ物を摂取しないことが、体調を改善し、さらに美容にも効果があるといわれており、**グルテンフリー**表記された商品がめだつようになりました。また日本でも野菜やフルーツをミキサーでミックスしたスムージーが注目されていますが、アメリカではさらに先を行き、栄養素を破壊することなく搾汁したジュースクレンズという飲み物が流行しています。アメリカらしく、サステナブルな食料システムや食品ロスの問題を解決するための起業を行う若者たちがどんどん登場しています。そういう「志」を応援する風土がアメリカにはあります。

どこの国でも、食べ物と健康とは、強い繋がりがあります。食べ物がない場所や時代には飢餓が最大の問題であり、逆に過剰な摂取や偏った摂取が続けば、さまざまな病気を引き起こすことに注目が集まります。食べたものは、体を構成する一部となるために入れ替わったり、体を維持するためのエネルギーになったりします。両者に強い繋がりが見られるのは当然のことといえます。科学技術が進歩して、われわれに必要な栄養素や摂取量などが明らかになってきています。しかし、これが唯一の正解であるという解はいまだに明らかになっていません。人類はまだ食に関して答えを見つけられずに悪戦苦闘しているのです。（大石敦志）

〔課題〕

1. もし、あなたがアメリカに住むことになったら、どのような食生活をしたいと思いますか。現実を踏まえて考えてください。

2. もし、あなたがアメリカで自由に食に関連する起業できるとしたら、何をしますか。ただし、失敗したら損失を抱えなければいけない状況ですので、真剣に考えてください。

もっと知りたい人への〔推薦図書〕

1. マリオン・ネスル著、三宅・鈴木訳『フード・ポリティックス ― 肥満社会と食品産業』新曜社、2005年

アメリカの食品業界の裏を知りたい人向け。

2. 椎名彩木著『カリフォルニアごぱん』ワニブックス、2007年

よりカジュアルに、アメリカのおいしいを知りたい人向け。読むと、今すぐカリフォルニアへおいしいパンを食べに行きたくなります。

第8講 インド人は何を食べているのか？

「神々」と「カースト」と「貧困」

インドから「食」の未来を考える

アメリカの次はインドです。みなさんはインドと聞いて何を思い浮かべますか。日本の国民食とも呼ばれているカレー、そのカレーが生まれた国、カレーの本家本元はインドなのです。カレーと香辛料とチャイ（紅茶）はインドを代表する食文化です。

カレーだけではありません。仏教もインドで生まれました。インドで生まれた仏教は、いまでも多くのアジアの国々で人々の厚い信仰の対象になっています。

あなたがインドについて知っていることをあげてみてください。ヨガ、ガンジス河、世界の四大文明のひとつインダス文明発祥の地、カースト制度、聖地ベナレス、タージマハル、ダージリンティ（紅茶）、**ベジタリアン（菜食主義者）**の国、タンドリー・チキン、世界第2の人口大国、IT 産業が発達している、親日である、まだまだあります。世界で最初に数字のゼロ（零：0）を発見したのもインドです。

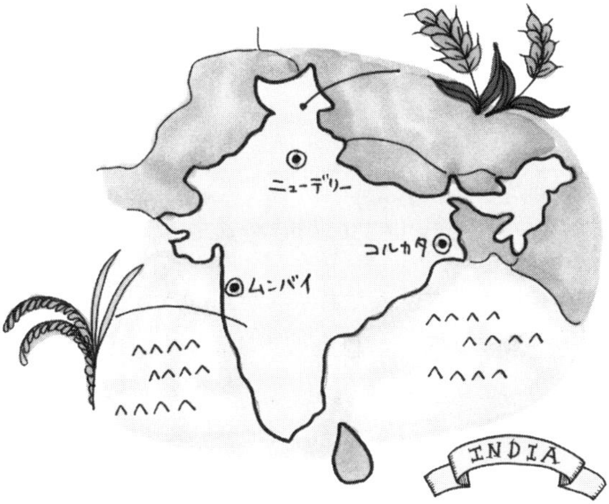

インドはじつに多様性に富んだ国です。日本の国語に相当するのはヒンディ語ですが、このほかに14の公用語が使用されており、14の公用語はすべて紙幣に印刷されています。インド人というと私たちはすぐに、頭にターバンを巻いた男性や美しいサリーで着飾ったインド女性を思い浮かべますが、じつはターバンを巻いた男性はインドの一宗派シーク教の人たちです。女性の民族衣装もサリーだけではありません。ヒンドゥー教、イスラム教、ジャイナ教、シーク教、ゾロアスター（拝火）教、仏教、キリスト教など、宗教もさまざまです。民族もアーリアン系、ドラビダ系、チベット系、中国系、アングロ・インディアン（イギリス人との混血）、さらに多様な少数民族（原住民）が暮らしています。

食文化も北と南では大きく異なっています。インドは大きくアーリア系の民族が住んでいる北インドとドラビダ系の民族が住んでいる南インドに分かれており、この2つの文化圏から成り立っています。北インドでは主に小麦を原料したインド風のパン（チャパティやナン）が主食になっていますが、南ではコメが主食になっています。

インドは世界の貧しい国のひとつです。1日1ドルで生活している人たちが12億人の人口の4割近くを占めているといわれています。インドの食生活とは、いったいどのようなものなのでしょうか。なぜインドの人たちは貧しい食生活に甘んじて生きているのでしょうか。

世界中の人たちが動物性食料（ステーキ、ハンバーガーや焼き肉、牛丼）を食べるようになったため、肉や卵などを作るために膨大な量の穀物（飼料）が必要になっています。このままでは、近い将来、**食料危機**が再発して私たちの食生活が危機的な状態に陥るのではないかと懸念されています。動物性タンパク質、とりわけ肉類の消費が極端に少なく、穀物や野菜などをベースにしたインドの食生活から私たちが学ぶべきことはないのでしょうか。

「スパイスがいのち」— 不思議の国「インド」の食文化

人口大国インドの街は人、人、人であふれかえっています。歩く人、道ばたに寝そべっている人、物乞いの人、牛、自動車、リキシャ（人力車）、オートバイ、なにか街全体がうごめいているかのような感じさえします。インドを訪れる日本人がまず驚かされるのが、街にあふれる人の多さと警笛を鳴らして走りまわる自動車と大都会の車道を悠然と歩く牛の姿です。運がよければ物乞いのホームレスに出会うこともしばしば、いやきっと出会うことになるでしょう。

ニューデリー、ムンバイ、コルカタ（旧カルカッタ）などの街角にはいたる所にインド名物のひとつチャイ（紅茶）を売る店、カレー屋、サモサ（揚げ物）を売る店など、さまざまな飲食店が軒を連ねています。町の中心部には「バザール（市場）」と呼ばれている商店街があって、食料品、衣料品、生活雑貨などのさまざまな商品が販売されています。バザールの露店では思い思いの場所に陣取った売り子たちがサブジ（野菜）や果物などを販売している風景を目にします。

そんな中で、ひときわ目を引くのが唐辛子、ターメリック、クミン、ナツメグ、コリアンダール、シナモンなど、色とりどりのスパイス（香辛料）を販売している店です。乾季には室外の気温が45～50度にも上昇するインドでは、昔から、食欲を増進させ、消化を助け、殺菌作用のある香辛料が調理に使われてきました。香辛料が一般家庭で使用されるようになったのは7世紀ごろといわれていますが、インドでは漢方薬と同じ成分をもった香辛料を食事から摂取してきたのです。

この複数の香辛料をブレンドすることによって、それぞれの家庭（おふくろ）の味やレストランの味が決まります。日本では1人当たり年間500 gしか使用されない香辛料が、インドでは毎月kg単位で使用されています。これらの香辛料をいかにうまくブレンドするかが「インド料理のいのち」といってもいいでしょう。

インドからヨーロッパに運ばれた香辛料は、肉食中心のヨーロッパの食文化に大きな影響を与えました。銀と同等の価値をもった香辛料を扱う**スパイス貿易**は、イタリアのメディチ家やヴェネツィア商人に莫大な富をもたらしました。フィレンツェを支配したメディチ家の紋章（家紋）が「胡椒」でできていることはあまりにも有名です。

香辛料をふんだんに使用した食事の後には、甘い紅茶（チャイ）と甘いお菓子がよく出されます。辛い食事を食後の甘いデザートによってうまくバランスを取っているのです。

マーケットの香辛料売り場

神々とベジタリアンの関係

インド人は肉食を好まないと聞きますが本当なのでしょうか。たしかに多くのインド人は「肉」や「卵」などの動物性の食料を食べません。とくに人口の8割を占めるヒンドゥー教徒は牛肉は絶対に食べません。筆者が数年前にインドの首都ニューデリーに行ったときのことです。驚いたことに、菜食主義者の多いニューデリーの街にマクドナルドが出店していました。インドでハンバーガーが売れるのか、店舗の中に入ってみました。なんと、そこで販売されていたのは、ひき肉の代わりに練ったジャガイモをフライにして挟んだ「ポテトバーガー」だったのです。さすがのマクドナルドもインドでは牛肉を原料にしたハンバーガーは販売できなかったようです。

インドではなぜ肉や卵を食べないのでしょうか。その理由は、古代の仏教やジャイナ教の殺生の考え方と深くかかわっています。インドには「浄」「不浄」の考え方があって「菜食」と「肉食」の別が非常に重要な意味をもっているのです。とくに戒律の厳しいジャイナ教は一切の殺生を禁じており、たとえ蚊やハエや小さな虫であっても殺すことは許されません。ジャイナ教徒の女性が口元が網状になった黒い頭巾のようなものを被っているのはそのためです。

ヒンドゥー教の神様、クリシュナ

インド人のおよそ8割はヒンドゥー教徒だといわれています。ヒンドゥー教徒の日常生活には礼拝、沐浴、断食などの守るべき風習・慣行（ダルマ）があり、さまざまな宗教的観念や儀礼が組み込まれていますが、これらの儀礼や慣行はカースト制度と深く結びついています。

インドでは多くの人々が宗教上の理由によって肉食を好まず、穀類と野菜類を主体にした食生活を送っています。これがインドにベジタリアン（菜食主義者）が多い理由です。では彼らは穀類と野菜だけで生活しているのでしょうか。たしかに貧困層の食卓には穀類と野菜しかありません。それも十分な量の食物を口にできない人もたくさんいます。しかし一般の家庭や裕福な家庭では食事に豆類をよく食べますし、油揚げ（天ぷら）もよく口にします。「ダヒ」と呼ばれる酸っぱい自家製ヨーグルトもよく食べられています。もちろんチャイ（紅茶）には牛乳は欠かせません。肉類などの動物性食料を摂らないインドでは、豆類や牛乳などからタンパク質を摂取し、栄養のバランスを取っているのです。

ガンジス川の沐浴の様子

カースト制度とハリジャンの食生活

デカン高原のある村に行ったときのことです。この村に住んでいる人たちはハリジャン（ガンジーが神の子と呼んだ不可触民）と呼ばれている**カースト制度**からも除外された最下層の人々です。私はそのことをまったく知りませんでした。案内してくれたインド人から後で「ハリジャン（ダリット）」の村だったことを知らされました。はるばる日本から来た私をもてなすために、村の長老が「チャイ（紅茶）」を用意してくれました。

しかし、貧困層が暮らすこの村には市販されている白い砂糖などありません。近くの畑で栽培している「砂糖キビ」を切り取ってきて、それを絞って紅茶に入れてくれました。精一杯のおもてなしです。しかし、同行したインド人はその紅茶に口をつけませんでした。最下層のハリジャン（一般のインド人から見ると人間以下の存在）のお茶を口にすると身が汚れる、というのがその理由でした。

「カースト制度」は、ポルトガル語で「血統」を意味する「カスト」が語源だといわれています。教科書で習った「カースト制度」にはバラモン（ヴェルナと呼ばれる身分制度で最高位に位置する宗教的な支配階級）、クシャトリア（貴族や武士階級）、バイシャ（一般市民）、シュードラ（労働者）の4つの階層があって、筆者も当初は日本の「士農工商」のような身分制度と誤解していました。

「カースト制度」が成立したのは、紀元前1000年から600年ごろといわれています。さらにインドにはカースト制度に属さない「不可触民（ダリット、英語ではアウトカースト、アンタッチャブル）」の人たちが集団で暮らしていますが、その数は2億ともいわれていますが定かではありません。

カースト制度にはサブ＝カーストという制度があって、その数は800とも1000ともいわれています。サブ＝カーストの由来は、民族、部族、地名、職業や宗派にあるといわれています。最もわかりやすいのが職業カーストです。ドビーといったらクリーニング屋、キサンは農民、床屋はナピットといった具合に職業によってカーストが決まっており、生涯、自分の属するカースト以外の職業に就くことはできません。

時代の変化とともに、カースト制度も変化しつつあります。新興産業のITC産業などでは、アウトカーストなど最下層の人たちが活躍するようになっています。しかし、インドではまだまだ多くの人たちが貧困ライン（最低限の食料と住居が得られない状態）から抜け出せない状態にあります。人口のおよそ4割、5億人の人々が1日1ドルの生活を余儀なくされている事実がそれを現しています。

「飢餓」と「肥満」

インドには大きく分けて、太って恰幅（かっぷく）のいい人とやせ細った人の2つのタイプの人間がいます。太った恰幅のいいインド人は間違いなくお金持ち、もう一方のやせ細った人は貧困層の人たちです。

かつて東インド会社[*1]の本拠地が置かれたベンガル地方の中心都市コルカタ（旧カルカッタ）のセントラルマーケットに近い路上には、日曜日になると長い行列ができます。何の行列だと思いますか。じつはこの日はコルカタのお金持ちが路上生活者などの貧しい人たちに食事を振る舞う日なのです。このため、

食事を求めて並んだ貧困層の長い行列

*1　東インド会社（1600～1859年）：イングランドとアイルランドの女王エリザベス1世が創設したアジア貿易の特権的株式会社。18世紀後半から19世紀前半にかけては、イギリスの植民地統治機関として機能した。

路上にはブリキの皿をもった貧しい人たちが食事を求めて長い行列を作っているのです。

インドには私たち日本人の想像をこえた「飢え」とすさまじい貧困があります。インド中部の農村では食事は1日3回ではなく2回でした。午前10時ごろ、農民たちが農作業の合間の休憩時間に、水で溶いたごはんをすくうように食べていました。2回目は夜です。洗面器のような容器に山盛りにしたごはんを手で器用に口に運んでいました。オカズ（副食）はありません。ごはんといっしょにかじる青トウガラシが「おかず」代わりです。

アジア人として初めてノーベル経済学賞を受賞したアマルティア・セン博士[*2]が、1970年代に、愛用の自転車で生まれ故郷であるインドのベンガル地方の農村を調査して、多くの人々が十分な食料を口にできないのは食料が不足しているからではなく、人々が食料を入手するに必要な能力や資格（エンタイトルメント＝権原）[*3]が欠けているためであり、飢餓や飢饉が起きるのは食料の量によって決まるのではないことを明らかにしました。インドの人口は2050年には16億人になって中国を抜いて世界一の人口大国になると予測されています。

荏開津典生（えがいつふみお）教授はその著『「飢餓」と「飽食」』の中で、ジョセフ・クラッツマンの文献を引用して「ボンベイ（ムンバイ）やカルカッタ（コルカタ）の飢えた人々を食べさせるよりも月に小石を求めに行く方が容易なのである」と述べていますが、インドの食料問題を解決するのは容易なことではありません。

インドでも1960年代の終わりごろに始まった**緑の革命**[*4]（Green Revolution）によって、主食のコメの生産量は1996～1997年の8,130万tから2011～2012年の1億2,800万t（1.6倍）に、小麦も6,130万tから1億3,050万t（1.88倍）に増えました。

しかし、食料増産が進んだ現在でも貧困層の食料問題は解決されていません。近年、インドでも穀類（米麦）の消費が減少する一方、肉類、牛乳、チーズ、卵、魚

[*2] アマルティア・セン（1933年～）：ケンブリッジ大学で経済学博士号を取得。オックスフォード大学、ハーバード大学教授を歴任。1998年にノーベル経済学賞を受賞。専門は開発経済学。

[*3] エンタイトルメント（権原）とは、ある社会において正当な方法で入手し、自由に用いることのできる能力や資格とそれらを自由に用いることのできる財の組み合わせの集合を意味している。

[*4] 緑の革命：主として開発途上国の人口増加による食糧危機克服のため、多収穫の小麦やコメなど穀物の新品種を開発して対処しようとする農業革命のことである。単位面積当たりの収量を画期的に向上させた一方で、新品種は多量の水や化学肥料、農薬を必要とし、砂漠化や農薬汚染など環境への影響、さらには先進国（化学肥料、農薬供給国）と開発途上国、金持ち階級と貧困層との間に深刻な社会経済的問題を引き起こす原因にもなった。

などの動物性食料の消費が増えています。ベジタリアンの国インドでも食の欧米化が進むのでしょうか。インド全体で見ると、経済発展と所得の増加によって、**需要の所得弾力性**（所得が増加したときに、その商品の需要がどの程度増加するかを表す指標）の高い動物性食料の摂取割合が高まっています。

しかし、インドでは所得（収入）差はもちろん、カーストによる階層差や自営業か非自営業かの違い、都市か農村の違いによっても食生活の内容が大きく異なっています。およそ9億人の人々が生活している農村と都市とでは食料の消費水準に大きな格差があります。北部と南部、地域（州・自治区）によってもその差が大きく異なっています。経済的に豊かな都市部などでは穀物の消費が少なく、農民が多く暮らす農村では穀物の消費割合が高く、大都市ではパンなどの消費割合が高くなっています。さらに都市で働くサラリーマンと農村労働者とでは所得差やカーストなどの社会階層などによって消費する食料の中味に大きな違いが見られます。

インドの社会構造は非常に複雑です。その大きな特徴は、一握りの地主階級と農地を所有していない大多数の貧困農民に分かれていることです。政府も農地改革などに取り組んできましたが、貧困と不平等の固定化によって富裕層と貧困層の対立を残すだけになってしまいました。その結果、貧困層の食料充足と栄養改善は置き去りにされ、その犠牲は弱者である女性と子どもにしわ寄せされています。

クラッツマンは、地球上から「飢餓」をなくし8億人の栄養不足人口を救うには、先進国の消費者がわずかな肉の消費を減らして、栄養不足人口に150 gの穀物（年間2700万t）を追加支援すれば可能だといっています。しかし、この問題はいまだに解決にいたっていません。では、どうすれば地球上から飢餓をなくし、2050年に、97人に達する人口を養っていけるのでしょうか。そのヒントはインドの「食」にあるように思われます。みなさんはどう思いますか。

地球のキャパシティは何億人？

大量生産、大量消費が支配的であった20世紀の食生活は「質」よりも「量」、「低カロリー」よりも「高カロリー」であることが「食」の豊かさを表す指標になってきたように思われます。これに対して、21世紀の「食」はアメリカの「ジャンクフード」のような「高カロリー」の「食」ではなく、「低カロリー」でスパイス（香辛料）をうまく活用した健康的なインドの「食」こそ「真」に豊かな「食」といえるのではないでしょうか。

かつて、ある経済学者が、全世界の人々がアメリカ人並の高カロリーの食事をした場合に地球上に住める人の数は20億人、低カロリーのインド人と同じ食生活をした場合に地球に住める人の数は100億人という試算を公表しました。90億人の人々が欧米型の食生活を追求していったら、近い将来、世界は深刻な食料不足に陥ることになりかねません。では、どうすればいいのでしょう。その決定的な答えは得られません。

食料問題の最大の課題は、私たち自身が食料はお金さえ出せばいつでも手に入るものだと錯覚して、それを「脅威」だと感じなくなることです。人口の激増と食料需要の増大、食生活の高度化はどの国においても不可避になりつつあります。人類が食料問題のジレンマから抜け出すには、私たちの日常の食生活を見直すことから始めなければなりません。日々、最小限の食料で生きている多くのインドの人々の食生活に、食料問題を解くひとつのヒントがかくされているように思われます。

（下渡敏治）

〔課題〕

1. じゃがいもや大豆などから作られるポテトバーガーや大豆ミートなどのフェイクミート（代替肉）は、人類の食料問題の解決に貢献できると思いますか？

2. 持続可能な食料システムの確立に必要な条件を3つあげなさい。

もっと知りたい人への〔推薦図書〕

1. **小磯千尋・小磯学著『世界の食文化⑧―インド』農山漁村文化協会、2006年**
インドの食文化を、地域、食材、食卓、宗教、グローバル化など、多面的に解説した入門書。

2. **下渡敏治・上原秀樹編著『インドのフードシステム―経済発展とグローバル化の影響』筑波書房、2014年**
変容するインドのフードシステムの全容と実態を考察した初めての本。

第II編

食の多様なあり方―豊かさの先の食

第9講 スローフードとは何か？

食や農の多様性を守ることの意味

スローフードのはじまり

日本では2000年以降、**スローフード**（Slow Food）という言葉を耳にするようになりました。みなさんはこの言葉から、いったい何を思い浮べるでしょうか？「ゆっくり食べること」、「郷土料理を守るボランティア活動」、「イタリア版地産地消」、「イタリア高級食品・料理のプロモーション」、「ファストフード（Fast Food）の反対の意味」など、さまざまなのではないでしょうか。

じつは、スローフードという言葉は、1986年に、アメリカのファストフード店であるマクドナルドがローマに進出したことがきっかけとなり生まれました。当時のイタリアでは、マクドナルド進出について多くの議論が交わされましたが、自分たちはファストフードとは反対の発想でやっていこうと考えた人々がいて、“スローフード”という言葉が誕生しました。和製英語ならぬイタリア製英語です。ロゴマークには、スローの象徴のカタツムリが用いられています（図**9·1**）。

スローフードとは、食を通じて社会的なあらゆる事象の関係性を考察し、そこから人間の生活をよりよいものに変えていこうという哲学や理念と、それに基づく食と農と環境を守る国際的なNPO活動を指します。母体となる組織は1986年に作られますが、国際協会としては1989年にスタートしました。食を楽しむ権利はすべての人間に保証すべき基本的人権であるという考えを基本とし、生物や味、文化の多様性、さらには、「お皿の外側」＝農林漁業・農山漁村を重視しています。

図9·1　スローフードのロゴの例（スローフード長崎）

Slow Food® Nagasaki

主な活動の柱は、① 消えつつある郷土料理や質の高い食品を守ること、② **質の高い食品**を提供してくれる小規模生産者を守っていくこと、③ 子どもたちを含めた消費者全体に味覚教育を進めていくことの3つです。スローフードにおける質の高い食品の条件は、第1に、“おいしい”（Buono）で、おいしさの評価は歴史的文化的に異なること、すなわち、歴史的文化的多様性を前提としています。そのため、食品が作られている地域でおいしいとされればそれでOKとなります。第2は“きれい”（Pulito）で、これは環境と調和し、持続可能なやり方で生産されていることになります。第3は“ただしい（Giusto）”で、これは社会的公正、すなわち質の高い食品を作る生産者が労働に見合った報酬を得ることができるなど、尊厳ある労働環境が確保されていることになります。これは**フェア・トレード**[*1]などと相通じます。

スローフードの取り組みは、イタリアをはじめとする西欧諸国から発展途上国まで世界160か国以上、約1500の支部、地域などに広がっています。日本においては、1993年に最初の支部が東京に設立されますが、本格的な推進はノンフィクション作家の島村菜津さんが2000年に刊行した『スローフードな人生』（新潮社）でスローフードを紹介したことなどが大きなきっかけとなったといわれています。

作物や家畜の在来種や地域固有の加工品を守る

スローフードの主な活動のうち、① 消えつつある郷土料理や質の高い食品を守ること、② 質の高い食品を提供してくれる小規模生産者を守ることに関連する取り組みとして、「味の箱舟」計画と「プレシディオ」計画があげられます。ちなみに、「味の箱舟」は、旧約聖書のノアの箱舟からの連想（画一化の洪水から作物や家畜、味の多様性を守るという発想）によるものです。また、「プレシディオ」と

[*1] フェア・トレード：開発途上国の原料や製品を適正な価格で継続的に購入することにより、立場の弱い開発途上国の生産者や労働者の生活改善と自立をめざす「貿易のしくみ」の意味である。代表的な品目として、コーヒーやチョコレートなどがあげられる。

は砦や守るという意味のイタリア語です。

この計画のきっかけは、スローフードの国際本部があるイタリアのピエモンテ州ブラという町のピーマンの味が、どうも昔と違うようだとスローフードのメンバーが気付いたことでした。ピーマンはかつての味や香りがしなくなり、色や形もみな同じようになっていて、好みに応じて選べなくなってしまっていたのです。そこで、ブラの生産者たちに話を聞きに行くと、ブラの町の**在来種**のコステリオーネ（牛の心臓という意味：写真**9·1**）というピーマンを作っている農家がいなくなり、ピーマンはオランダから輸入されていました。オランダのピーマンは、パーフェクトに計算された形状で、箱の中には24個のピーマンが並び、25個入ることはありません。また、オランダはマーケティングがうまく、保存のきく野菜をスーパーマーケットできれいに並べていました。でも、そのピーマンに以前のような味はありません。ブラの町のピーマン農家はというと、チューリップを作り、オランダに輸出していました。

写真9·1　コステリオーネ（在来種のピーマン）

こうしたことが起きた原因は、一言でいうと生産性や経済性の追求です。一般的に、在来種の作物や家畜は生産性が低く、大きさや形や色などのそろいが悪く、日持ちもよくなかったりするので、大量生産・大量消費に対応した流通システムには向きません。多様なものよりシンプルなほうが効率的ですし、同じ種類のものを大量に作り、同じ大きさや形、色のものを同数箱詰めにする必要があります。こうして、独特の味わいがあり、地域の伝統料理には欠かせないけれども、四角くて穴があきやすく、ふぞろいなコステリオーネという在来種のピーマンは姿を消していきました。

じつは、同様の理由から、イタリアだけでなく、日本を含む世界中で、作物や家畜の在来種、そうした在来種をベースとした地域固有の加工品や料理が次々と姿を消しています。

表**9·1**はスローフードにおける**生物多様性**基金設立の主旨説明ですが、世界的なレベルで、（行き過ぎた）経済性、生産性の追求は、生産性の高い“優等生的”な商業品種への画一化と個性的な在来種の消失をもたらし、その結果、地域の個性

表 9·1　食の多様性の喪失

①	1900 年から現在まで 75% のヨーロッパにおける食物の多様性が失われました。
②	同じ期間にアメリカでは 93% の食物多様性が失われました。
③	33% の家畜種が失われたか、絶滅の危機にあります。
④	3000 種類の野菜が前世紀に失われ、現在 6 時間に 1 種類の野菜が消えていっています。

的な食文化 = **味の多様性**は消滅の危機に瀕しています。

スローフードでは、在来種の遺伝的多様性[*2]について、**生物多様性**という言葉を用いています。生物多様性とは、一言でいえば、“多彩な命のにぎわい”で、環境問題の重要な視角であり、環境の豊かさを評価する尺度となっています。しかし、これまでの議論は、圧倒的に野生種に焦点が当てられています。私たちの生活にとって、もっとも身近な生物多様性は作物や家畜の種内変異（品種など）であるにもかかわらず、生物多様性の一部であることが認識されることはまれであるのが現実です。そうした中で、作物や家畜を生物多様性の対象として取り上げ、食文化の多様性と結びつけて取り組みを進めている点で、スローフードの意義は大きいと思われます。

そもそも交配して子孫を増やす生物に共通する宿命として、種における**遺伝的画一化**は種としての生命力を喪失につながります。また、病虫害が蔓延した際の対応が困難となります。有名なのは、1840 年代後半のアイルランドにおけるジャガイモの疫病流行により 100 万人〜 200 万人が餓死し（写真 **9·2**）、それを契機にアメリカ合衆国など世界各地への移民が進められたケースです。疫病まん延の要因としては、疫病耐性のないジャガイモ品種のみを栽培し、非常に狭い遺伝的特質にのみ依拠していたことが指摘されています。

写真 9·2　1840 年代のアイルランドのダブリンの飢饉犠牲者追悼の像

これほど深刻な被害にまではいたらないものの、同様のケースは、多数存

[*2] 遺伝的多様性：同じ種でももっている遺伝子に違いがあり、多様であることをあらわす。遺伝的多様性の減少、すなわち、遺伝的画一化は、環境の変化等に対応する能力を減少させることになり、ひいては、種が存続できなくなる危険性を高めることになる。そのため、遺伝子レベルの多様性の保全は、生物多様性を保全する上で重要な課題となっている。

在しています。何より問題なのは、主食のコメをはじめとした多くの作物種・家畜種で、1840 年代のアイルランドのジャガイモ以上の**遺伝的画一化**が進行していること、その事実がほとんど一般に認識されていないということです。

そうした中で、スローフードでは、地域の食文化にとって大切な作物や家畜の在来種や加工品ですが、生産性や経済性の観点から絶滅の危機に瀕しているものをリストアップする取り組みを「味の箱舟」計画、その中でもとくに重要なものについて具体的な対応策を考え、実施していく取り組みを「プレシディオ」計画と呼んで、絶滅から守る取り組みを進めています。ちなみにブラの在来種のピーマンであるコステリオーネは、プレシディオに認定されています。**味の箱舟**の選定条件は、表 **9·2** のとおりです。

表 9·2 「味の箱舟」の 5 つの選択基準

①	生産物が特別においしいこと（土地の習慣や伝統を基準にしたおいしさ）。
②	生産物が、ある特定の集団の記憶と結び付いたものであり、ある程度の長い年月にわたってその土地に存在した植・動物の種であること。また、その土地の原材料が使われた加工、発酵食品であるか、あるいは地域外からの原料であっても、その地域の伝統的製法によるものであること（記憶や年月は、現地の歴史に照らし合わせて判断する）。
③	その地域との環境的、社会経済的、歴史的つながりがあること。
④	小さな作り手による、限られた生産品であること。
⑤	現在あるいは将来的に、消滅の危機に瀕していること。

なぜ、伝統的な品種や加工品は消えようとしているのか？

スローフードのスローの意味は、“ゆっくり、ゆったり”でもありますが、それ以上に、“丹誠込めて、丹念に”ということです。スローフードでは、とくに、プロの仕事人と農家や漁家のお母さんの手わざ（マンマの味）に価値をおいています。どちらも“手間ひま”をかけてすばらしい食を作ってきた存在ですが、このことが伝統的な品種や加工品が消えようとしている理由に繋がっています。

地域の伝統的な品種や加工品は、地域の食文化の核となってきたものであり、地域にとって大切な宝物です。しかし、一般的

には生産性が低く、手間ひまがかかります。そのため、売り物にしてお金を稼ごうとするとコストがかかり、それがネックとなってうまくいかないケースが多いのです。結果的に残るのは、生産性や経済性に優れ、大量生産・大量消費に向いた商業品種やファストフード的な加工品になりがちです。しかし、地域の伝統的な品種や加工品は、もとはお金のない人たちが作ってきたものです。自給的な暮らしでは、手間ひまをいくらかけても人件費が発生しません。原材料も自給した場合は、原材料費も発生しません。自身や家族、友だち、恋人のために作った場合は、手間ひまは無料となります。

自給が暮らしの基本であった時代は、手間ひまをかけてもその分はコスト換算されないので、貧しい農家でも地域の伝統的な品種や加工品を作ることが普通にできたのです。売り物にしようとすると手間ひまは人件費として計上され、お金を稼ぐためには高価格で売らないと採算が合わないという、一見不思議なことが生じるのです。今残っている地域の伝統的な品種や加工品は、高齢者の方たちが「おいしいから」などという理由で自給用の小さな農園で守られているケースが圧倒的です。

テロワールと味覚教育

スローフードの背景には、地域性、すなわち、“その土地ならでは”の特性にこだわるということがあります。これを支えるのが**テロワール**（Terroir）です。テロワールというのは、とくに地域性が重要視されるワインなどの世界で用いられ、説明が難しいのですが、「自然と歴史、技術、文化、生活が融合して生み出された作物や家畜と加工品の生育・生産環境、地理的範囲」という意味です。テロワールは、ワインなど地域特産品の品質を規定します。

このテロワールがわかるようになる“修行”のひとつが、**味覚教育**です。食育の一種であり、視覚・嗅覚・聴覚・触覚・味覚の五感を開花させる味覚のトレーニングメソッドを指します。フランスやイタリアの一流のシェフがファストフードなどの登場やさまざまな食の乱れに対して危機感を感じ、1990 年代以降、教育学者などが加わって取り組みをはじめました。スローフードの専売特許ではなく、日本ではフレンチの関連で、大手ガス会社とフランス農事功労章受章者協会などが連携して進めています。スローフードでは、主な活動の ③ との関連で、子どもたちを含めた消費者を対象に推進しています。

味覚のトレーニングでは、五感を研ぎ澄ましていくこと以上に、言葉による表現力を研ぎ澄ませることで、より五感が研ぎ澄まされる、逆に五感が研ぎ澄まされることで、言葉による表現力が豊かになる、という認識に立ち、五感と言葉による表現力を同時に磨いていくことが重視されています。これは、フレンチ、とくにワインのソムリエの世界で発達しています。

写真9·3 DOCマーク

こうした**テロワール**に依拠した高品質地域特産は、ワインやチーズをはじめとして、統制原産地呼称制度[3]としてフランスやイタリア、EUで認証制度として確立され、近年では、地理的表示として国際的に広がり、日本でも2015年度に制定され，推進されています。

スローフードの「味の箱舟」や「プレシディオ」計画は、地理的表示と同じタイプの認証制度として機能しており、結果として“食の文化遺産”の国際的認証になっています。認証をテコにしてブランド化を図り、消滅しないように守っているのです。

スローフードにおける質の高い食品を守るための基本戦略

スローフードが一定の成果をあげることができたのは、まず出版物をはじめとするコミュニケーション戦略に長けていたからとされています。1989年にはガンベロロッソ社[4]と共同でスローフードの観点からのイタリアワインを格付したガイドブックである「イタリアのワイン」が出版され、1990年にはスローフード出版が創設されてスローフードのアイデンティティを示す道具となっています。スローフード協会の作るワインガイドや品質の高い郷土食を提供するレストランを取材した「オステリアガイド」などは、地域の個性的な食を再発見することに役立ち、スローフードによる評価や細かい説明がなされています。この出版物が大成功を収

---

*3 統制原産地呼称制度：フランスのAOCやイタリアのDOC（写真**9·3**）、EUのPDOなど、特定の地域の気候や風土の特性や歴史的に培われた生産方法によりすぐれた特質を有する農産物や加工品に特定の地域の呼称を表示する認証制度のことで、原料等の種類・品種や産地、栽培・飼育に関わる条件、製法等の要件が法律により規定され、これを国等が保証するもの。ワインやチーズなどの認定が有名である。

*4 ガンベロロッソ社（Gambero Rosso）：グルメ専門の出版社で、イタリア語で「赤い海老」という意味。イタリア国内のレストランガイド本「リストランティ・ディタリア（Ristoranti d'Italia）」やワインガイド本「ヴィーニ・ディタリア（Vini d'Italia）」等の出版で名高い。

め、人々にスローフードの認知と活動を広める重要な契機となり、また、売り上げにより活動資金を獲得しました。イタリアでの会員数はこれらの出版物の効果により急増し、多くの国際的なイベントが開催され、次々と成功を収め、さらなる情報発信と活動資金の獲得が可能になったのです。

写真 9·4　スローフードにおける食の祭典「サローネ・デル・グスト」

国際的なイベントの主なものとしては、1996 年から 2 年毎にイタリア・トリノ市で開催される「サローネ・デル・グスト」（写真 **9·4**）という食の祭典や、2004 年から「サローネ・デル・グスト」と同時開催される「テッラ・マードレ」（写真 **9·5**）という世界中から質の高い食品を生産する生産者やそれを支援する料理人、学者などを一同に集め、報告や討論を行う世界生産者会議などがあげられます。また、2004 年にはスローフード独自の大学（食科学大学）[*5] が設立されています（写真 **9·6**）。

なお、新型コロナウイルスの影響で、2020 年度のサローネ・デル・グストとテッラ・マードレについては、オンラインとオフラインを組み合わせて、世界各国での大小イベントやオンライン配信イベントとし開催されました。その結果、今回のパ

写真 9·5　テッラ・マードレ（世界生産者会議）

写真 9·6　食科学大学

---

*5　食科学大学：スローフードの理念に基づき、食文化について、人文社会学的な側面から自然科学的な側面まで学際的に学ぶことを目的とし、スローフード協会のイニシアチブによりイタリアに設立された私立大学。当初はピエモンテ州ブラ市郊外ポレンツォとパルマ市にあったが、現在はポレンツォ所在のみとなっている。日本を含む諸外国から学生が集まっており、スローフードにおいて質が高いと評価されるイタリア内外の生産者の見学が、カリキュラムに含まれている。

ンデミックは単なる医療の緊急事態ではなく、気候と環境の危機、無限の経済成長という不可能な夢に基づいた持続不可能な開発モデルによって生み出された経済危機、社会的格差を引き起こし、人口の大部分が社会的に排除され、基本的権利が否定されていること、大量移民の問題など、私たちが直面しているすべての緊急事態に目を向け、解決策を見出す絶好の機会としてとらえられ、解決に向けた取り組みを行う方針が採択されました。また、時間やお金をかけてイタリアまで渡航して参加してきたイタリア以外のスローフーダーにとっては、今回の開催方式はかえって参加しやすい側面もあり、新型コロナウイルスの感染が収まった以降も開催のあり方を見直すこととしています。

スローフードが質の高い食品を守る基本的な戦略は、① 当該の農水産物や加工品に関する歴史や文化に基づき“美しい物語”を作り、当該の農水産物や加工品がかけがえのないものであるという認識を広めていく。その際、お金の話は徹底的に排除する（お金の話をしたとたん、美しい話が美しくなくなる）、② スローフードで発行しているワインガイドやオステリアガイド、サローネ・デル・グストやテッラ・マードレなどの国際イベント、**味覚教育**やスクールガーデンなどの取り組みと有機的に結びつけて、当該の農水産物や加工品がお金には変えられない価値がある、という認識を社会的に広め、高付加価値化を実現する、というように要約することができます。

スローフードでしばしば語られる、“「味の箱舟」や「プレシディオ」に認定された農水産物や加工品が失われることは、ルーブル美術館のモナリザがこの世から消えてしまうのとまったく同じである”という言葉は、スローフードの戦略を端的に示しています。

スローフードから学ぶこと

スローフードは、遺伝子組換えに反対し、また、緑の革命（p.083[*4]参照）の成果については否定的であり、近代農業の発展について懐疑的な面を有しています。また、スローフードの示している**質の高い食品**の条件についても、異論のある人は少なくないと思います。何より、スローな食品だけでは、今日の私たちの食を賄うことができないというのが現実です。しかし、スローフードの取り組みから学ぶことは少なくないと思うのです。

在来種や伝統的な加工品を守ろうとするスローフードの取り組みは、地域振興や

生物多様性保全の観点から重要といえます。また、スローフード自体は必ずしも明言していませんが、暮らしの中に自給的なものを取り込むことの大切さを気づかせてくれます。そうした意味で、スローフードは、生産性や経済性、利便性以外の真の豊かさとは何かについて考え直すよい機会を提供してくれるといえます。また、地域固有の食文化や独自の生産システムを守り、食の原点から経済や社会、文化をとらえ直すことを通じ、大量生産・大量流通・大量消費により画一化と没個性化が進む現代のフードシステムに警鐘を鳴らし、足元からの持続可能なフードシステムの構築、さらにはSDGsの実現に幅広い観点から寄与していると思われます。

(川手督也)

〔課題〕

1. スローフード運動におけるスローとは何か。また、スローな農産物や加工品が自給の場合は低コストなのに、販売する場合は高コストとなる理由について説明してください。

2. スローフード運動の今日的意義について論じてください。

もっと知りたい人への〔推薦図書〕

1. **島村菜津著『スローフードな人生！― イタリアの食卓から始まる』新潮文庫、2003年**

日本にスローフードを広く紹介するきっかけとなったノンフィクションの著書で、スローフードの本質に迫りながら楽しく読ませてくれます。

2. **カルロ・ペトリーニ著、石田雅芳訳『スローフードの奇跡 ― おいしい、きれい、ただしい』三修社、2009年**

スローフード運動の創始者であり、中心的担い手として活躍してきたカルロ・ペトリーニによりスローフードの哲学や理念、実際と展望が語られたものです。

● コラム ― 学生の主体性を生かしつつ現場から学ぶ

産業社会学研究室では、PBL（Problem-based Learning）などにもとづき、学生の主体性を生かしつつ現場から学ぶことを重視して演習を進めています。最近は、「質の高い食を題材として“食をプロデュースすること ”を実践的に学ぶ」を目的とし、こだわりの農産物や加工品の生産者やプロデュースに関わっている方々を対象として、生産の実際や思い、経営戦略やマーケティング、商品の企画・開発、プロモーションなどについて学び、課題の抽出や解決方法の提案、レシピ開発などに取り組んでいます。2020 年度は、建長汁と湯河原みかんの２つのプロジェクト研究を実施しました。

建長汁プロジェクトでは、神奈川県鎌倉市の名刹・建長寺にお伺いし、インタビューや関連文献などにもとづき、建長寺由来の建長汁の歴史的経緯や魅力を明らかにしました。ついで、食味や経済性のみならず環境性や社会性を加味した若い世代向けアレンジレシピの開発を試みました。成果については、郷土料理コンテストに応募するとともに、学部学生の農や食に関する研究発表大会であるアグリカルチャーコンペティションで報告を行いました。

湯河原みかんプロジェクトでは、神奈川県湯河原町におけるみかんを核とした地域活性化の課題解明や湯河原産みかんのプロモーション戦略策定に取り組みました。湯河原町は温泉や別荘地で有名ですが、江戸時代からのみかんの古い産地でもあります。みかんを使った加工品も数多く開発されており、みかん園は湯河原町の美しい景観を形成している一方、担い手の高齢化や後継者不足、みかん産地としての知名度の低さなどの問題点を抱えています。湯河原町商工会からの依頼をきっかけとして、研究室の３年生を中心に現地調査やアンケートの分析を行い、報告・提案しました。湯河原特産の貯蔵ミカンや大津４号、甘夏の新品種なったんのプロモーション用に開発した販売用入れ物やロゴ、キャラクターは、早速採用されました。

湯河原みかんプロモーション

（川手督也）

第10講 フードツーリズムがもたらす可能性

食文化を対象とした新たな観光の実践

食と観光

スローフードより、さらに新しい挑戦のお話、フードツーリズムです。

日本各地には、その地域ならではの豊かな食文化が存在しています。食文化は、それぞれの地域に暮らしている人々の生活圏で生産される食材によって成り立ち、食材の種類や中味はそれぞれの地理的な条件によって異なっています。そうした違いは、それぞれの風土や気候条件、人々の生活や嗜好、独自の調理方法や保存方法によって育まれ、受け継がれてきました。また、行事食や祭事の際の食事は、地域ならではの伝統に基づいた意味付けが施されていく中で発展してきました。さらにさまざまな人々との交流や、異なった食文化と交わることで、新しい素材や調理方法などが生み出されてきました。

こうして生み出されてきた食文化を対象としたこれまでのフードツーリズムでは、主に「食べる」ことを重視した味覚的な行為に焦点があたってきました。本講では、そうした味覚的な行為のみにとどまらず、それぞれの地域における食に関するさまざまな活動の各段階によって形成されている「食文化」を対象に**五感**で体感する観光活動を**フードツーリズム**と位置づけます。

ここでいう**地域の食文化**の各段階とは、原材料の生産から加工までの**食の生産文化**の段階、出来上がった加工品を運び、買うまでの**食の流通文化**の段階、調理して消費するまでの**食事文化**を表します。たとえば、「食の生産文化」は農業や加工品づくりの場を対象とした観光活動、「食の流通文化」は市場や直売所といった場を対象とした

観光活動、「食事文化」は飲食できる場を対象とした観光活動です。

こうした食文化の各段階を、観光という活動をもって体験するフードツーリズムには、食の現場を舞台とした具体的な体験がともなうため、「地域の食文化がもつ多様な価値」を実感することができます。

地域の食文化がもつ多様な価値

本講では、地域の食文化がもつ多様な価値のうち、「食文化を知ることで、食という身近な事柄から世界や地域とのつながり知ることができる」ということについて考えていきます。

たとえば、ある食品を通じて旬を知ったとします。旬を知ると、なぜその季節にそうしたものが食べられてきたかという背景をみることができます。そこから、季節と食がどのように関連しているかといったことや、そうした食品が自然環境とどのように関わりをもっているかということを知ることもできます。さらに、食品をつくる担い手の状況はどのようになっているのか、食品の原材料を生産する環境はどうなっているのか、食材を育む森や山や海などの状況にも目を向けることもできます。また食品を生み出すための道具や知識・技術はどのようなものか、それらを持続的に育むことができるしくみや人々はどのような価値観をもって食品を購入するのか、といったさまざまな事柄から「つながり」を知ることができます。

それらを「知ることができれば」、行動に移す最初の一歩を踏み出すこともできます。また、自身が担い手になったり、コーディネーターになったり、食品を購入することを通じて農漁業や食品産業などを支えたりする行動につなげていくこともできます。本講では、これらのことを行っていく「最初のきっかけ」として、観光という機能が有効に働くことを考えていきます。

活性化させるきっかけとしての観光

フードツーリズムの実施場所のひとつに、地域の「食や農に関わる産業」（以下、**食農産業**）の現場があります。これまで観光において食を考えるとき、食べる楽しみをダイレクトに味わう観光に焦点があてられてきた傾向がありますが、本講を通じて述べるフードツーリズムでは、生産や加工・流通の現場にまでさかのぼった「その料理のおいしさを生み出す背景」や、「どのような歴史を経てその土地に根付いたか」といったことを知ることが肝要となります。

そして、そのような観光においては、旅先で見聞き、感じる**非日常性**を自身の「日常」に取り入れていける観光のあり方が重要になります。たとえば、旅先で得た知識を日々の生活に取り入れ、その地域ならではの食品を恒常的に購入するようになれば、「食農産業」を支えていくひとつのきっかけになります。また地域への愛着も食を通じて育まれると考えます。観光のもつ力である「楽しむ」ということから「学び」へつなげていくことで、「食文化」や「食農産業」をより理解し、生活の幅を広げていくことができると考えられるのです。

ひとつの例として、私たちの食卓に欠かせない代表的な調味料である醤油をあげてみてみましょう。醤油の生産現場では、醤油を製造する過程を視覚で確認できるのはもちろん、醤油の香りをはじめ、醤油が発酵している音、醤油を作っている醸造所の風景、作り手の考えや思いなど、現場に身を置かなければ感じることができない多くの要素で満ちあふれています。これらの現場にある多様な情報を、観光活動を通じて実感するとき、多面的に地域の歴史・文化・産業等を評価する多様な価値観の醸成と、食文化に関する知識を獲得することができるといえます。

またこうした食文化を維持するさまざまな事柄を継承し、つなげていくためには、食文化を支える背景、たとえば、農業でいえば山や森林、湖沼や河川、海洋といったすべての自然環境が整備されていなくては成り立ちません。森や山や川や海が守られて農業は成立します。そして、そうした自然環境が守られているからこそ、それらを原料に創出されるさまざまな食文化が育まれていくことができます。またこれらは、一定の面積の農地さえあれば、単独で農業が成立するというものではなく、農地を取り巻く、自然や環境が整備され、調和されていなくてはなりません。そのためには、山を守り、森を守り、川を守り、海を守るといった仕事が食文化に関連するものと認識し、継続して行われていく必要があります。こうした食文化を支えるさまざまな事柄を守り、発信し、継承・普及していくこと（＝活性化）につながる最初のきっかけとして、フードツーリズムが重要な役割を果たすと考えます。

食文化を対象とした観光をつくるアクションリサーチ

しかしながら、こうしたフードツーリズムを実際に行うにはいくつかのハードルを超えなければなりません。それは、食や農といったものが、私たちの身近な生活環境の中に織り込まれているため、当たり前のものとしてとらえられている傾向があり、価値のあるものとして守り、継承していくものとして認識されにくい傾向があるからです。それゆえに、いかにしてフードツーリズムを作り上げるかという「プロセス」が重要になります。

たとえば、日本には「四季」があります。本来、私たちが毎日食べている食品には季節毎に、「旬」というものがありますが、さまざまな技術革新等によって、必ずしも四季や旬に寄り添わなくても食品が製造できるようになりました。しかし、先述した醤油を例にとってみてみると、醤油の発酵過程を体験するのに「最も適している時期」は「夏の期間」です。これは、夏の暑い気温が醤油の発酵をうながすのに適しているからです。このように、私たちの普段の生活の中で、当たり前に存在している食品について、その価値や観光活動に適した時期を見定めるには、そうしたプロセスを知る「方法」が重要となってきます。

そのために、有効と考えられる方法が、**アクションリサーチ**です。アクションリサーチは、社会問題の解決に向けて、多様な人々が分けへだてなく協働して取り組む実践方法を表します。具体的には、課題解決のために、関係者自らが中心となって問題を課題（解決しなければならない問題、果たすべき仕事）として共有し、その地域に関するデータを収集・分析（リサーチ）して、解決策を導き出す行為がアクションリサーチの方法です。

こうしたアクションリサーチが、フードツーリズムに有効と考えられるのは、「現場」に目を向け、調査・研究・実践等を行うことを、第一の目的とした手法だからです。多くの食農産業は、存立する地域の気候、原料、技術などを基盤した活動を行っています。こうした「地域性」を対象にしたフードツーリズムを作り上げていくには、アクションリサーチは有効な手法だといえるでしょう。

フードツーリズムがもたらす地域への波及効果

地域には、それぞれの地域が独自にもつ歴史や文化からなる「その地域でしか生み出されない特別な食文化」が存在しています。そうした食文化を対象としたフードツーリズムをつくり上げていくには、地域に即した「多様で柔軟な対応・アプローチ」が重要になります。それは、地域性に目を向け、場所や状況の違いを知り、画一的、一方的な手法を当てはめず、地域性をそのまま取り上げて、現場の状況を理解し、それぞれの状況に即したアクションを行う「姿勢」を意味しています。こうした姿勢を基準に、フードツーリズムを形成していくことによって、フードツーリズムから生み出される多様な恩恵を受けることが可能と考えられます。

また、こうしたフードツーリズムの活動と他の活動とが連携することによって、より大きな効果が期待できます。たとえば、広く収集した食や農に関する情報（以下、**食農情報**）の発信と更新を Web や紙媒体を用いて行い、「食農情報」をさまざまなメディアを通じて継承・共有し、多くの市民が「食農情報」を暮らしの中に取り入れていくことができるシステムを作ることも重要だといえます。

具体的に提示するとすれば、さまざまな世代（生産者・消費者を含む）にまたがって容易に活用できる、価格のみに止まらない食農情報入手のためのアプリケーションの開発等を加えたさまざまな側面からのアプローチを試み、「食農情報」のバリアフリー化を実現していくことです。こうした活動によって、多くの市民が共に食農情報を活用できるシステムを構築していくことが必要になると考えられます(図 **10·1**)。

また食文化を支えるさまざまな産業を継続していくには、そのために必要な人材への支援をはじめ、生産するために必要な原料の確保、人々に届けるための販路の

図 10·1　食農情報を活用するシステムのイメージ図

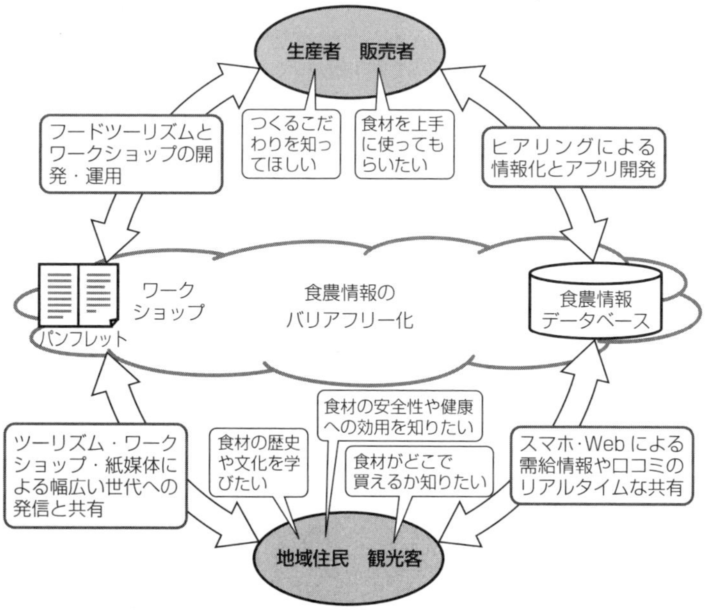

構築などが重要になります。加えて、食文化の継承という観点を考えるときには、すでにある生業の経営基盤を引き継ぎつつ、移住者のよそ者視点で地域資源の再価値化と再活性化をめざす**継業**といわれるしくみを整えていくことも重要になります。たとえば、中小企業や個人商店において後継者が見つからず廃業せざるをえない状況を解消するために、親族や従業員が事業を引き継ぐのみにとどまらず、意欲のある第三者に事業を継いでもらうことができれば、食文化を支える産業を守ることにつながるといえるでしょう。

フードツーリズムの実践事例

最後に、本講で述べるフードツーリズムの具体的な事例として、奈良県で活動を行っている『なら食』研究会の取り組みを紹介したいと思います。『なら食』研究会は、2005年に設立された民間の非営利団体であり、生産者と消費者との間に立ちながら、食文化、伝統、地産地消、安全等の立場から、それらを身近に体験できる機会を提供することで、地域の生産者と消費者とをつなげ、交流を促進する活動を行っています。その活動の一環として、「奈良の『食』発見ツアー」と題したフードツーリズムを企画し、実施してきました。

同ツアーは、奈良の食文化をコンセプトとして、奈良県内の食や農に係る産業の現場を対象とした観光ツアーを計41回開催してきました（2021年6月現在）。その行き先は、奈良県内の醤油、日本酒、お茶、お酢、みりん、葛、素麺、麩、柿の葉寿司といった産業の現場に加えて、割り箸、和紙、食器といった食と関連性をもつ産業にまで多岐に渡って展開されており、延べ900名以上が参加しています。

同ツアーの移動手段はマイクロバスを使用し、各現場までの車中において、訪問先の食品の生産の歴史や文化にくわしい専門家が同乗して、訪問先の食品等に関する歴史・文化・栄養・調理方法等の説明を行います。

写真 10･1　自然の気候を用いて醤油を醸造する蔵の見学風景（奈良県御所市）

たとえば、写真**10･1**のような奈良県内の醤油蔵を訪問する際の車中では、醤油と同じ原料で造る味噌を取り上げ、双方の違いについて、醤油・味噌

造りに重要となるデンプンやタンパク質をアミノ酸に分解する働きをもつ「麹（こうじ）」に焦点をあてた説明を行います。専門的な呼称としては醤油・味噌双方ともに穀物に塩を入れて発酵させていく「穀醤（こくびしお）」と総称されますが、その違いとして醤油は「全麹」、味噌は「半麹」で造られるところにあります。醤油醸造における「全麹」とは、醤油の原料となる小麦と大豆の「すべてに麹をつけて造る」のに対して、味噌は米味噌なら米だけ、麦味噌なら麦だけといったように「半分に麹をつけて造る」ものであり、このような工程の違いは味や香りの異なりとなります。こうした日常生活の中では知り得る機会が少ないといえる食品製造のプロセスについての説明を行います。

また写真 **10･2** のお茶づくりの現場を訪問する際においては、日本における茶の成り立ちとして、応永 29 年（1422 年）に編まれた朝廷の年中行事の由来を解説した書である『公事根源』をもとに、天平元年（729 年）、聖武天皇の時代における記録にある「宮中に僧を召して茶を賜った」といった茶に関する最古の記録の紹介や、茶樹の栽培歴史として大同元年（806 年）に弘法大師が唐から持ち帰った茶の種子を佛隆寺の開祖堅恵大徳に与えて、現在の奈良県宇陀市榛原区赤埴の地に播種したという経緯、また、お茶のとらえ方の時代変化（薬としてのお茶から、嗜好品としてのお茶への変化）等の日常生活の中では知り得る機会が少ないであろうお茶の文化について説明を行います。

写真 10･2　天日干しのお茶づくりの見学風景（奈良県大淀町）

写真 10･3　地域の伝統的な食農産業である素麺づくりの体験（奈良県桜井市）

以上のように、『なら食』研究会で同ツアーを行うにあたっては、奈良という地域の食や農に関する歴史・文化・技術等を調査し、参加者に伝えています。また訪問する奈良の食や農に関わる産業の実状についても丹念に調査し、その内実を理解して発信することを重視

しています。加えて訪れる先の生業に差し支えのない範囲の参加規模（同ツアーにおいては、これまでの実践から約20名前後が最適であると判断して設定）でツアーを開催し、現場に負荷を与えない形で実施しています。

写真 10·4　塩漬けした白うりやきゅうりを酒粕で漬け替えながらつくる「奈良漬け」の見学風景（奈良県奈良市）

ここで重要なのは、上述の事柄が「奈良という地域で実施する場合」であるということにあります。もちろん、ほかの地域でも共有できる要素もありますが、大事なのは「地域それぞれの状況」を的確にとらえて実施していくことにあります。具体的には、ツアーを行う側の考えのみではなく、訪れる側の実状や態勢について考慮しながら実践していくというアクションになります。そして、そうしたアクションを行うためには、先述したアクションリサーチのアプローチが重要になるといえます。

以上のように、私たちの日常において知る機会の少ない「地域ならではの食の歴史や文化」や「食に関わる生産や加工の技術」などを、観光活動を通じて実際の現場で体感することができる「フードツーリズム」は、さまざまなきっかけをもたらす可能性があるといえるのではないでしょうか。　　（片上敏喜）

〔課題〕

1. 地域の食文化を構成する「食の生産文化」、「食の流通文化」、「食事文化」の各段階が成立するために「なくてはならない要素」を広く調査してみよう。

2. 自身の出身地域にある食農産業を調査し、実際にフードツーリズムを行うときに必要なことについて、さまざまな観点から調査してみよう。

もっと知りたい人への〔推薦図書〕

1. 吉田集而編『講座 食の文化　第一巻　人類の食文化』味の素食の文化センター、1998年

食文化の内容やシステムについて理解を深めることができます。

2. JST社会技術研究開発センター・秋山弘子編著『高齢社会のアクションリサーチ—新たなコミュニティ創りをめざして』東京大学出版会、2015年

アクションリサーチの研究手法について具体的な内容が書かれています。

● コラム — フードツーリズム論研究室のアクションリサーチ

食と観光の分野においては近年、「B 級グルメ」や「肉フェス」などのフードイベントがさかんに開催され、日本各地の観光地でもいわゆる「ご当地グルメ」の関心が年々高まっています。フードツーリズム論研究室のゼミ活動では、こうした食べる楽しみをダイレクトに味わう観光の内実を分析しつつも、そうした観光のみに止まらず、観光を通じて食を育んできた地域の歴史や文化、産業などを知り、学びを深めるためのさまざまな活動を行っています。

そのようなゼミ活動の一環として、ゼミ生が自らテーマを決めて、テーマに即した観光プランを作成し、実施する調査を行っています。近年の取り組みとしては、観光とメディアという観点から、テレビで放送されて取り上げられた古民家を改装して運営しているカフェに焦点をあて、地産地消を重視したカフェ、地域との連携を重視したカフェなどを中心とした観光プランを作成し、実際にツアーを企画するといった活動を行っています。

鉄道会社の企画きっぷの調査風景

またフードツーリズムをテーマとして、鉄道会社が販売している「企画きっぷ」に焦点をあてた調査活動も行っています。たとえば、関東圏においては、京急鉄道の「みさきまぐろきっぷ」、「よこすか満喫きっぷ」、「葉山女子旅きっぷ」、東急電鉄の「横濱中華街 旅グルメきっぷ」、小田急電鉄の「江の島 1day パスポート」、JR 東日本の「東京フリーきっぷ」、「休日おでかけパス」といったさまざまな企画きっぷが販売されています。

このような企画きっぷプランを対象として、実際にプランを利用することを通じて調査を行い、鉄道会社が販売している企画きっぷプランがもたらす影響や効果等について検討します。

また実際に現地で調査を行ったからこそ得ることができた情報や、企画きっぷプランを通じて学んだ点、調査先の地域の特徴や魅力、調査を通じて自分自身が感じたことなどを報告書に取りまとめ、多角的な検証を行い、学びを深めるゼミ活動を行っています。　（片上敏喜）

第II編

食の多様なあり方―豊かさの先の食

第11講 安全な食料生産

有機農業と有機農産物

「安全な食料生産」って？

みなさんは日ごろの買い物で有機農産物にであうことがありますか？　農薬や化学肥料の使用方法が異なる栽培方法により提供される農産物を指しますが、私たちはこうした農産物を選択することもできます。

「安全な食料生産」についての方法や考え方にはさまざまな流れがありますが、本講ではその重要なものとして、**有機農業**と**有機農産物**を取り上げます。

まず有機農業とは、日本の場合、**有機農業推進法**（有機農業の推進に関する法律：2006年制定）に定められているとおり、「化学的に合成された肥料および農薬を使用しないこと並びに遺伝子組換え技術を利用しないことを基本として、農業生産に由来する環境への負荷をできる限り低減した農業生産の方法を用いて行われる農業をいう」（同法第2条）とされるものです。すなわち、「農薬・化学肥料や遺伝子作物技術をまったく使用しないか、あるいは極力使用しないで環境に負荷がかからないようにする農業」が有機農業であり、これに基づく農法（農業生産の方法）を**有機農法**、これにより生産された農産物・食品は、それぞれ「有機農産物」「有機（農産物を利用した）食品」ということになります。

日本の農業政策は、1992年の「新政策」、1999年の**食料・農業・農村基本法**からようやく「環境と調和した農業」が明確になり、この法律が制定されたのです。

もとより、**農薬・化学肥料**がない時代から、人類は自然の中で資源の循環を活かした農法により、農業生産を持続させてきました。1950年代半ばごろまで、日本の農村では牛馬が鋤（すき）を引いて耕し、多くの農作業は村の人たちが総出で田畑に出る「人力」で行われていました。農薬は限られたものしかなく、肥料も、牛馬等家畜のふん尿や落葉など自然界の**有機資材**を用いた**堆肥**が基本でした。農薬や化学肥料が農業生産で本格化したのは、ここ50～60年ほどのことなのです。

もちろん、この時代の農業者の重労働は大変なものでした。こうした過重労働や生産性の低さを解消し、効率的な農業生産を求めて開発・普及されてきたのが、農薬・化学肥料・除草剤、そして農業機械を組み合わせた近代農業です。これに基づく今日の一般的な農業生産の方法を「慣行農法」といいます。

農薬は、作物の害虫による被害や病気の発生を防ぎ、化学肥料は、その作物を成長させる要素を高めて、収量を高めるために使用されるものです。また、除草剤は、作物の成長を阻害する雑草を除去するために使用されますが、高温多湿で雑草の成長が早い日本では、通常これを欠くことはできません。さらにトラクターなど農業機械が加わり、農業の生産性は飛躍的に向上しました。とくにコメ生産では、重労働であった田植・稲刈・除草作業が、**農業機械**や**除草剤**の使用により大幅に減少するなど、その省力効果は絶大なものでした。このように近代農業は、世界各地で自然と共存してきた伝統的な農業の様相を一変させ、省力化・大規模化による大量生産を可能にしたのです。

近代農業の問題点 — 農薬使用によるさまざまな影響

ところが、自然界の成り立ちは単純ではありません。複雑な環境の中で、さまざまな生物が共生・共存する**生物多様性**（生態系バランス）により成り立っており、益虫や鳥・動物が作物の害虫の天敵になるといったことが日々展開されています。農業生産は、この生態系を守ることによりこれまで持続できたのです。

しかし、農薬・化学肥料等には自然環境の中で分解されない成分が含まれており、河川・土壌を汚染し、天敵まで殺してしまうなど生態系のバランスを乱してしまいます。また、短期間での生産性と効率を追求する近代農業では、同種の作物を続けて生産することも多く、その際には大量の薬剤を土壌に注入します。こうしたことは、土壌や作物のもつ力をさらに弱め、いっそう農薬などに依存した農業生産になってしまいます。

農薬使用の最大の問題は、人体に対する影響です。とりわけ、農薬を日常的に散布する農業者は、真先にその被害に直面します。推薦文献の**『沈黙の春』**（R・カーソン）をはじめ、長野県で農業者の農薬問題に長年取り組んだ著名な医師・若月俊一氏の著作（『村で病気とたたかう』岩波文庫）や、最近ではノンフィクション映画『奇跡のリンゴ』（2013年公開）などでも描かれたように、農業者にとっての農薬害は深刻なものがありました。

現在の農薬や除草剤は、農産物への残留も少なくなっており、使用法を守れば大きな影響はないとする見解もあります。しかし、化学合成物質である農薬などが複合的に環境に撒かれることにより、アトピーや特定昆虫の減少などにつながっているという説もあるなど、自然環境に対し懸念される問題が多く残されています。また近年、大規模農業で重要視される**遺伝子組換え技術**（GM）も、アメリカなどでは広く普及されていますが、人体に対する影響が必ずしも解明されておらず、EUではその利用は例外的にしか行われていません。

有機農業の「誕生」と有機農業者

こうした中、環境を保全し、自然循環に即した農法への転換が模索されていきます。日本では、1971年に日本有機農業研究会（有機農研）が、さらに1972年には国際有機農業連盟（IFOAM）が設立され、世界的にも本格的に有機農業が推進されるようになりました。本来、伝統的な在来農法はすべて有機農法だったともいえますが、近代農法が圧倒的な力をもっていたことから、それに対する概念として農業に「有機」を付したとされています。

しかし、この道のりは平坦ではありませんでした。地域の農薬散布に協力しない有機農業者は、「農村の和を乱す」「慣行農法否定は科学否定」などの批判を受けることになります。さらに有機農産物は、農産物の出荷規格等で市場流通が難しく、独自の農産物販売ルートをつくる必要がありました。このため、有機農業者と都市の消費者組織が提携する「産消提携」が始まりました。この産消提携の多くは、単なる農産物売買の関係でなく、消費者が提携農業者の農場に行き援農作業をしたり、消費者側が生産物を全量引き取り、価格を互恵で決める、といった取り組みをしていました。つまり、当初の有機農業のあり方は、農業を尊重した公正な社会を目指しての「都市農村交流」と社会運動だったのです。その後、農薬問題を訴えた有吉佐和子氏の著作『複合汚染』(1974 年）で、有機農業と産消提携が紹介されたこともあって、日本全国で有機農業の輪は徐々に大きくなり、生活協同組合（生協）や流通業者の間で、有機までは到達しないが、農薬使用を抑制した「特別栽培農産物」の大規模産直が始まり、有機農業的な視点が市場でも拡大していきました。

有機農業の現状 ― 世界と日本

各国で 1970 年代から有機農業が推進されるようになると、技術的にも農薬や化学肥料に頼らず生産を維持するさまざまな手法が開発されるようになり、慣行農法との所得差も縮まってきたことから、有機農業の規模も拡大していきました。

2018 年現在の国際的な有機農業の現状をみると、世界の全耕地面積に占める割合は約 1.5% を占めています。とくに、**EU 加盟国の有機農業シェア**は高く、表 **11･1** のとおり、イタリアでは農地全体の 15.8% を占めているほか、ドイツで 9.1%、農業大国フランスでも 7.3% に達しています。欧米は農地面積も広く、農地が農業者ごとにまとまっていて管理しやすく、慣行農法から有機農法への転換も容易なのです。

図 **11･1** は、筆者が以前調査したフランスの事例です。有機農法を行うには、農薬の飛散を防ぐなどの理由のため、慣行農法の農地と有機農業の農地の境に緩衝地帯（農薬等の飛散を防ぐため農産物を作付しない場所）を設ける必要があり、さらに有機農法に転換すると病虫害が発生するなどにより、一時的に収量が下がることから、通常、農業者の所得は減ることになりま

表 11･1　各国における有機農業のシェア

国名	有機農業の合計面積（千 ha）		有機農業の割合（%）	
	2011 年	2018 年	2011 年	2018 年
イタリア	1,097	1,958	8.6	15.8
ドイツ	1,016	1,521	6.1	9.1
フランス	975	2,035	3.6	7.3
イギリス	639	457	4.0	2.7
カナダ	841	1,311	1.2	3.4
アメリカ	1,949	2,023	0.6	0.6
韓国	19	24	1.0	1.5
中国	1,900	3,135	0.4	0.6
日本(有機認証のみ)	9	11	0.2	0.2

注：日本には上記以外に、認証されていない有機農業が一定数存在する。
資料：農水省『有機農業をめぐる事情』(2020)、FAO データほか

図 11·1　フランス・ブルターニュ地方A農場における有機農法転換事例（略図）

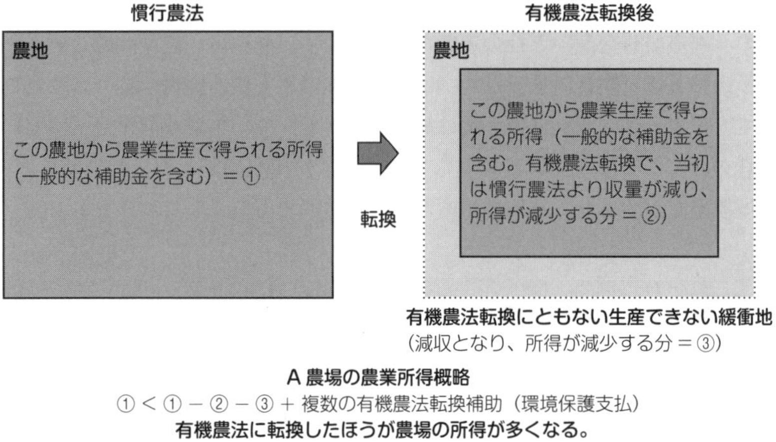

資料：加瀬和俊編著『有機農業・産直農産物の理念・手法・効果に関する日仏比較研究 研究成果報告書』東京大学科研 17380132、2008年および2005年における筆者現地ヒアリングより

す。しかし、EUなどでは、有機農業者は環境保全目的で「直接支払」される補助金が手厚く、有機農法への転換により所得が増えるケースも多くなっています。

これらにともない、**世界の有機食品の売上**も年々伸びており、約1,050億米ドルに達しています（約11.6兆円/1米ドル＝110円）。

一方、表**11·2**が**日本の有機農業**の現状ですが、増加傾向にはあるものの、農家・農地（2018年現在、約2万3千ha）とも全体の約0.5%という状態で、**日本農林規格**（JAS）によるJAS認証の有機農産物数量割合は約0.3%にとどまっています。

表 11·2　日本の有機農業の推移

年度	2010	2013	2014	2015	2016	2017	2018
有機農家数　(戸)	11,859	—	—	—	—	—	—
（うちJAS認定）	3,994	3,812	3,634	3,660	3,678	3,718	3,782
有機農業面積　(ha)	17,000	20,400	22,000	22,500	23,000	23,000	23,800*
（うちJAS認定）	9,401	9,937	10,043	9,956	10,366	10,792	10,940
有機格付数量　(t)	56,608	61,309	60,684	63,757	59,972	70,104**	—

*全国農地の約0.5%　**全体（野菜、果実、コメ、麦、大豆）の格付数量のうち約0.26%
注：2017年の有機JAS認定事業者格付実績のうち、海外からの日本向け出荷量は34,024tで、国内産の約48.5%に相当する。
資料：農林水産省『新たな有機農業の推進に関する基本的な方針等について』(2020) ほか

この要因としては、環境重視の観点から国をあげて有機農業を普及したEUなどとは異なり、日本では、農業近代化政策を中心にすえた**農業基本法**が1961～1999年までの長期間にわたって農業政策の中心にあったため、行政面でも農業技術開発面でも、EUのような支援が得られなかったことが影響しています。さらに日本が高温多湿で、病虫害や雑草の問題から有機農業技術が定着しにくいことや、ヨーロッパなどと比較して非常に農地が狭く、かつ入り組んでいるために、有機農地の管理が難しいことなどもあげられます。しかし近年、近い条件にある韓国や台湾では有機農業が拡大してきていることから、日本でも、さらなる普及に向けた条件整備が課題になっています。

有機農産物認証の問題 ― 地球の裏側からのオーガニック

欧米では、1970年代ごろから有機農業が広まり、有機農産物が販売されたことから、「有機農産物であることを証明する」意識が高く、1990年初頭にEUなどで農薬・化学肥料不使用を証明できる基準の検討が始まり、1999年にコーデックス規格（食品に関する国際基準）にも反映されました。「有機」の国際基準は欧米主導で定められたのです。

一方、日本では、有機農業が「産消提携」という社会運動で推移したこともあり、認証の動きは不活発でした。しかし、市場や宅配業者などで有機農産物の流通が始まった1980年代後半には、農地にわずかな有機物を散布しただけで「有機野菜」と表示した野菜が高値で取引される例がめだち始めました。そこで2000年6月にコーデックスに準じた内容で、JAS法で「有機農産物に関する規格」と認証制度が定められました。これ以降、この基準や生産資材を使用して生産された農産物のみが「有機農産物」と表示できること、それを指定認証機関がチェックして、農業生産者に認証を与えることなどが定められたのです。

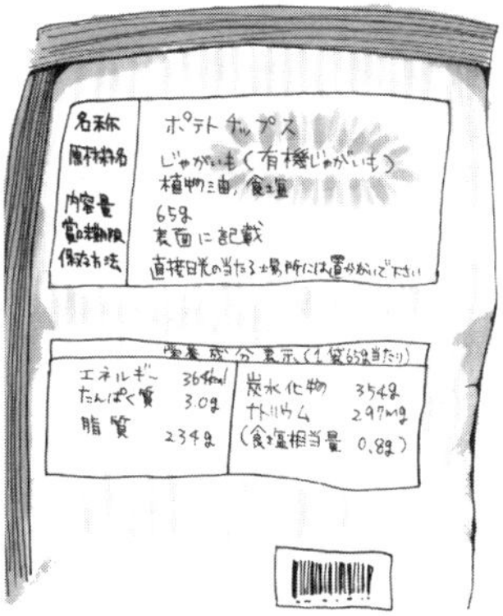

これで有機農業推進に期待がかかりましたが、さまざまな問題も起こりました。JAS法では、「農薬・化学肥料を使用してから3年以上経過しない圃場（ほじょう）」で生産された作物は有機農産物認証を受けられず、前年に一部

でも農薬を使用した圃場で生産された農産物を「有機農産物」と表示し販売すると、JAS法違反になります。

図 11・1　有機マーク

日本では、集落の複数農家の農地を共同で管理しながら、ある年にイネを栽培した直後に、ムギを播種（はしゅ）し、ムギ収穫後に今度はダイズを播種する体系があります（2年3作方式）。こうした生産様式で有機農業に取り組む場合、一部の農家が生産過程のどこかで農薬・化学肥料を使用していたとすると、ほかの作物を有機で生産しても「有機」表示が法律違反となってしまいます。これにより、長年自他とも有機農業と自負していた生産者が自らの農産物に「有機」と表示できなくなったり、認証にコストと手間がかかることを理由として「有機」表示をやめるなどの事態が発生しました。つまり、欧米のような大規模農場での生産に合わせた「有機」基準は、日本では北海道や九州の一部を別にすれば困難なのです。

もうひとつの問題は、有機国際基準の統一により、海外産の低価格な有機農産物・食品が販売されるケースが出てきたことです。「有機」とは表示できないが、遠距離の輸送を行わないなど、より環境に優しい国産の農産物・食品よりも、遠くの国や地域から運んだ「有機」食品のほうが、市場では有利に販売されることになりました。実際に、日本で販売されている輸入有機農産物は、国産有機JAS農産物の半数近くの量に達しています（表**11・2**注を参照）。

地球の裏側から、膨大なエネルギーを要して「安全な有機認証マーク付きの農産物・食品」が付加価値を得て輸入されることは、自然環境保全を目指した本来の有機農業のあり方に反するのではないか、とする意見も多く出されています。

安全においしく、そして楽しく — より安全な食料生産に向けて

以上のように、JAS有機の問題点が多方面から指摘されたことから、**有機農業推進法**では「有機農業・農産物」の定義が幅広いものとなりました。2006年、同法成立以降、都道府県行政や各地の農業試験場でも支援体制づくりが定められたことから、かつて「科学に逆行する」といわれた有機農業も技術改良・普及が進んでいます。有機農産物はやや高価格で販売されることから、収量で慣行農法の8～9割程度を確保しながら、慣行農産物より所得面で有利となる例も増えてきました。

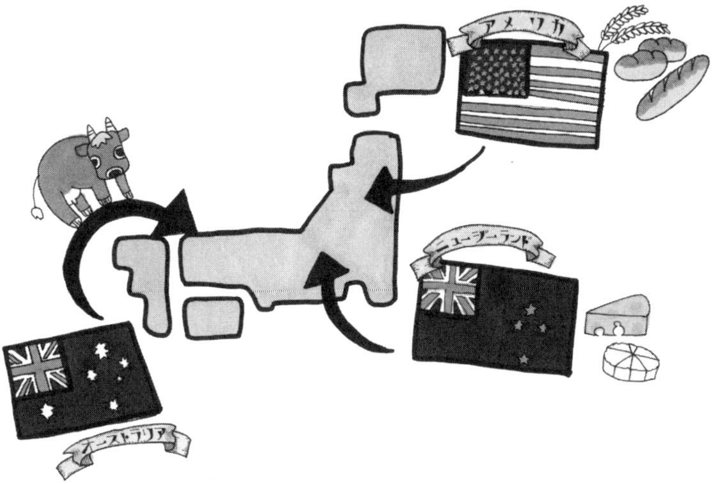

これからは輸入食品で「有機」も増えるかも …

このようなことから、現在では消費者の有機農産物・食品への関心はさらに高まり、量販店やネット通販でもその販売が拡大しており、たとえば大手量販店「イオン」では、取扱全農産物の 5% をオーガニックにすることを目標に事業展開しています[*1]。

こうした中、農林水産省は 2021 年 5 月、**みどりの食料システム戦略**を定めました。ここでは SDGs が世界的に広く浸透することに着目し、「2050 年までに、オーガニック市場を拡大しつつ、耕地面積に占める有機農業の取組み面積の割合を 25%（100 万 ha）に拡大することをめざす」と明確な目標を定めました。あわせて、「化学農薬使用量の 50% 低減」も目標化されました。これまでの政策の大転換であり、注目されています。

一方、近年、農村生活や就農に注目が集まり、若者や定年後の高齢者で新たに農業を始める「新規就農（参入）者」が一部で増加していますが、彼らは有機農業を志す割合が高いとされています。さらに、埼玉県小川町や千葉県いすみ市、兵庫県豊岡市にみられるように、地域特産物や学校給食に有機農産物を利用することなどにより、地域ぐるみで有機農業に取り組む事例も全国的に増えています。

しかし、「有機」表示をめぐる諸問題は解決されておらず、また TPP（環太平洋

*1　桝潟俊子・高橋巌・酒井徹「持続可能な食と農をつなぐ仕組み・流通」澤登早苗・小松﨑昇一編著『有機農業大全 ― 持続可能な農の技術と思想』コモンズ、2019 年、pp.153－157。

パートナーシップ協定）などいっそうの国際化の進展によって、「地球の裏側からの有機農産物」の輸入も増加すると予想されます。依然として多い日本の農薬使用量を減らし、国産農産物における「安全」の付加価値をアピールし競争力をつけるためにも、有機農業への期待は高まっています。さらに今後、これまで農業を担ってきた高齢農業者のリタイアが今以上に進むなど、農業生産基盤の状況が大変厳しくなることが見通され、有機農業でも、さらなる省力化技術の開発などが急務となります。

すでに述べたように、有機農業とは「単に農薬・化学肥料を使わない農業」なのではありません。その土地の特性と資源に適合した生産方式にしたがい、地域の自然環境を保全しながら、なるべく地域の食を自給してこそが「有機農業」のめざすべきものといえます。言葉を換えれば「環境にも、人や生物にも優しい、持続可能で公正な農業」ということになりますが、そうした国産の有機農産物・食品を選択することこそ、真に「おいしく、本当に楽しい食」といえるのではないでしょうか。悪化する地球環境の中、このような農業のあり方をより広めるとともに、農業も、そして未来を担う私たちの「食べ方」もまた、そのことが問われているといえます。

（高橋　巌）

〔課題〕

1. 文献・ネットや動画サイトで海外の農業生産と、日本に対する農産物・食品輸入の実態などを調べた上で、安全な食料生産とは何か、どのようなことが考えられるのかをまとめてみましょう。

2. 家の近くのスーパーなどに行き、「有機」「オーガニック」と書かれた農産物・食品を探して、その産地・生産国などを確認しましょう。

もっと知りたい人への〔推薦図書〕

1. R. カーソン著、青樹簗一訳『沈黙の春』新潮文庫、1962 年

世界的に農薬など化学合成物質のもたらす問題を提起。

2. 有吉佐和子著『複合汚染』新潮社、1975 年

日本で有機農業が注目されるようになったきっかけ。

第Ⅱ編

食の多様なあり方―豊かさの先の食

第12講 豊かな食料生産環境

農村地域での宝物探し

ここでは、私たちの食の素材である農産物の生産環境である農村について、とくに、平坦な耕地の少ない**中山間地域**[*1]を中心としてみてみます。

クリスマスのイチゴと農村地域

あなたの一番好きな果物は何ですか？と聞かれて、「イチゴです」と答える人も少なくないでしょう。イチゴは、子どもから大人まで人気のある果物[*2]です。その甘酸っぱいおいしさだけでなく、ビタミンCも豊富に含まれ、ショートケーキに彩りを添える赤くてかわいいイチゴは欠かせません。

イチゴは、冷涼（15～20℃）な栽培条件が必要で、低温と短日で花芽が分化し、高温と長日で開花して結実する性質をもっています。通常、平坦な畑での露地栽培だと、イチゴ苗を10月から11月ごろに植えつけ、5月から6月ごろにかけて収穫します。

しかし、イチゴが最も多く消費されるのは、12月のクリスマスシーズンです。では、どのようにして、このシーズンにイチゴが出回るのでしょうか。

---

*1　中山間地域：「都市的地域」（都市部）や「平地農業地域」（都市部ではない平地）以外を指す地域、すなわち「中間農業地域」と「山間農業地域」を指しています。一般的には平坦な耕地が少なく、人口の密集も少ない山間部の農村地域を指しています。

*2　イチゴやメロンは「果物」として食べられていますが、統計等では「野菜」に位置づけられています。野菜は田畑で生産される草本性の品目であり、果実（果樹）は数年にわたって収穫可能な永年作物などの木本性の品目です。したがって、イチゴやメロンは野菜になりますが、果物として扱われているので「果実的野菜」となっています。

それは、夏期に山深い中山間地域などの高冷地で苗を低温にあわせ、花芽分化した苗を、9月以降にビニールハウス（施設栽培）に植えつけると、ハウス内の高温によって開花し、あの赤い実ができるということなのです。クリスマスケーキの赤いイチゴは、私たちの周辺で見かける施設栽培だけではなく、中山間地域などの農村からも届けられているのです。

中山間地域などの**農村地域**は、イチゴに限らず、バリエーション豊かな農産物を、私たちに届ける大切なガーデン（畑）なのです。このことについて、次の項では、いくつかの品目を通してみなさんと確認をしていきましょう。

多様な農産物を届ける農村地域

ハンバーガーのレタスは山深い農村から

ハンバーガーには、ハンバーグとともにシャキシャキのレタスが入っています。そのレタスの国内収穫量の4割弱を長野県が占めています。とくに、夏期のレタスの多くは、みなさんもご存じのとおり、長野県、群馬県などの高冷地の農村地域で生産されているものです（表**12･1**）。

早朝、生産者の方たちは、日の出前の暗いうちから畑で額にライトをつけてレタスを収穫し、それを地元の集出荷施設に運び、そこで予冷してから、鮮度を保持したままトラックで全国の卸売市場に向けて出荷されます。そして翌日早朝の卸売市場で競り（せり）などが行われたものが、スーパーに届けられ、そして私たちの食

表12･1　レタスの産地カレンダー

産地	1月	2月	3月	4月	5月	6月	7月	8月	9月	10月	11月	12月
茨城	●	●	●	●	●	◐				●	●	●
栃木	●	●	●	●	●					●	●	
群馬					●	●	●	●	●	●		
千葉	●	●	●									●
長野				◐	●	●	●	●	●	●		
静岡	●	●	●								●	●
兵庫	●	●	●	●	●						●	●
香川	●	●	●	●	●						●	●
長崎	●	●	●	●	●					●	●	●

資料：東京青果株式会社「産地カレンダー」より作成

卓に並ぶのです。暑い夏、みずみずしいシャキシャキのレタスは格別ですね。それは、農村において朝早くから農家の方たちが収穫したレタスだからです。

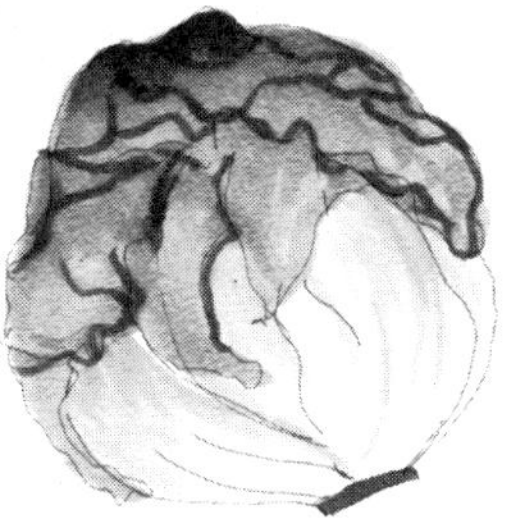

お寿司のワサビは農村地域の豊富な水から

ロンドン、アムステルダム、そして北京など、いまや海外の都市でも「SUSHI」の看板は見られ、世界中で寿司ブームの様相を呈しています。その寿司に欠かせないもの、それはワサビです。もちろん、サビぬきを注文する人もいるでしょう。でも、葉ワサビをすり下ろしたお寿司は、鼻にツーンとぬけて、やはりひと味もふた味も違います。

このワサビも農村地域での山から流れるきれいな、そして豊富な水が必要なのです。畑ワサビの収穫量が最も多いのは、農村を抱え、水が豊富な岩手県が全体の50%を占めています。湧水や渓流などの流水の中で栽培するものを「沢わさび」といいますが、ワサビ栽培には山から流れる豊富な水と農家の方たちの栽培技術も不可欠なのです。

高級和牛を食べるには農村地域の子牛から

若いみなさんがおいしいと感じる味覚は、油脂・だし・砂糖の3つの要素が加わったものだそうです[*3]。たとえば、牛丼やすき焼きなどはその典型メニューですね。その素材となる牛肉は、松阪牛、神戸牛などの高級和牛をはじめとして国産和牛は国内外でも高い人気を博しています。

ところで、こうした和牛となる肉用牛の生産農家は、母牛を飼育し種つけをして、生まれた子牛を市場へ出荷するまでの約10か月間飼育する「繁殖農家」と、子牛を購入し、肉牛に育てる「肥育農家」の大きく2つに分かれています。

繁殖農家は、10頭程度の母牛（雌牛）を飼育し、子牛を販売する小規模な家族経営で占められています。とくに九州や東北地域の農村地域において、繁殖生産はさかんです。こうした子牛が繁殖されているからこそ、私たちは世界に誇る和牛をおいしくいただくことができるのです。

[*3] 伏木亨『味覚と嗜好のサイエンス』丸善出版、2008年

以上、ここで取り上げたレタス、ワサビ、和牛はごくごく限られたケースに過ぎません。水と緑にあふれた棚田米、山の険しい傾斜面で、太陽をサンサンと浴びた温州ミカンなど、私たちの豊かな食卓を彩る食の素材としての農産物を農村地域は届けているのです。

豊富な資源をもつ農村地域

農村地域には、こうした農産物を供給する役割のほかに、農地、森林、農業用水、動植物、農村景観などの多様な、そして豊富な**地域資源**をもっています。図**12･1**は、農村地域における地域資源を大まかに分類して示したものです。なかでも〈自然資源〉に位置づけられる「農地」と「農業用水」は、農業生産にとって最も基礎的な地域資源です。

図 12･1　農村地域の地域資源の分類

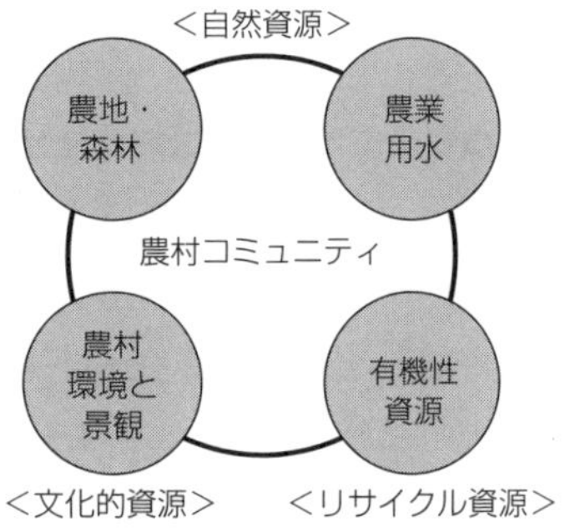

資料：農林水産省『食料・農業・農村白書（平成 21 年度）』p.117 より作成。

農地は、食料の安定供給のための機能をもつとともに、水田の一時貯留による洪水防止機能、水質浄化機能、美田や棚田などの美しい景観の形成機能などをもった農村地域の重要な地域資源です。たとえば、畦畔（けいはん）に囲まれて耕地に水を張る水田は、コメなどを生産するものだけでなく、多様な動植物が生息するなど生物の多様性とも結びついています。

また農業用水は、作物の栽培に必要な水を、耕地へ人為的に供給する灌漑用水のほかに、広く農業全般に使用される用水をさします。取水や水路などの水利施設は、地域によってその構造や規模は異なり、ひとつとして同じものはありません。先人たちが取り組んできた水との歴史が刻み込まれた資産でもあります。水路の障害物の除去などは地域住民などが行うように、農業用水の維持・管理には農村コミュニティが大きく関わっています。

農村地域の人々（農業者）が、こうした農地や農業用水などの基礎的資源を活用すること、農業が営まれることによって、稲わらやもみ殻、家畜排せつ物などの〈リサイクル資源〉「有機性資源」が存在し、特徴的な農村生態系を形成させ、生物多様性に恵まれた農村環境と景観である〈文化的資源〉を保つこととなるのです。

図 **12·1** は、これらの農村の地域資源を、「農村コミュニティ」が支えていることを示しています。農村コミュニティは、農村地域社会を維持し、そこに地域住民が住み続けるために必要な活動であり、いわば、農村地域の自治力ともいえるものです。たとえば、道路や水路の清掃、防犯防災、共有林やため池の管理、集会所の管理、運動会・お祭り、季節行事の開催、葬祭時の相互扶助、共同利用の施設管理、これらは、集落などを単位とする地域住民の共同活動です。これらの共同活動を通して、住民同士の連帯感が育まれた自治力であるのです。

農村地域の今

人口減少と高齢化の進む農村

図 **12·2** をみてください。これは今の農村地域の姿を示すひとつの指標です。わが国の人口を農業地域類型別にみると、その約 8 割は都市的地域に集中し、中間農業地域と山間農業地域、すなわち、中山間地域などの農村地域は 10% 程度しか占めていません。そしてこの 15 年間（2000 年から 2015 年）における農業地域類型別の人口の増減率をみると、都市的地域（7% 増）は増加していますが、平地農業地域（12% 減）、中間農業地域（9% 減）、山間農業地域（22% 減）は、それぞれ減少しています。

65 歳以上の人口比率（高齢化率）に注目すると、山間農業地域は 39% と高く、他の農業地域に比べて高齢化が著しく進んでいます。もちろん、こうした農村地域の高齢化のスピードは止まることはなく、ますます加速しているのが現状なのです。

図 12·2　農業地域類型別の人口構成率と高齢化率

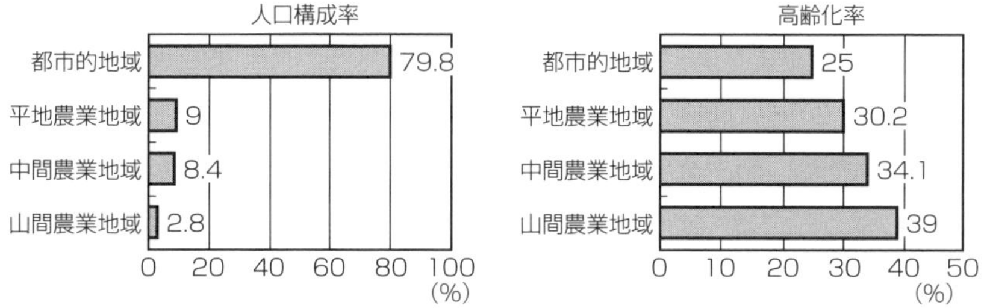

資料：農林水産省「平成 30 年度　食料・農業・農村白書」より

増えつつある限界集落

さて、みなさんは**限界集落**という言葉を聞いたことがありませんか。65 歳以上の高齢者が集落人口の半数を超えて、冠婚葬祭をはじめ、村でのさまざまな活動の維持が困難な状態に置かれている集落のことを指します[*4]。つまり、住民が少なく、お年寄りばかりで、地域の諸活動ができず、いずれ消滅に至る集落のことです。残念なことに、こうした限界集落が、多くの農村地域で増えつつあるのです。

農村地域で増えている好ましくないもの

さらに、農村では、好ましくないものが 2 つ増えつつあります。そのひとつは**耕作放棄地**、もうひとつは**鳥獣被害**です。

耕作放棄地は、以前耕地であったものが、過去 1 年以上作付けされず、しかもこの数年の間に再び耕作する考えのない土地のことです。農業地域類型別の耕作放棄地面積率（耕作放棄面積 / 経営耕地面積 ＋ 耕作放棄地面積）をみると（2015 年）、平地農業地域（7%）はやや低いですが、山間農業地域（18%）、中間農業地域（16%）、都市的地域（16%）は、いずれも 15% を超えています。そして最近の耕作放棄地面積の増加スピードをみると、全体ではやや鈍化傾向にありますが、中間農業地域や山間農業地域は相対的に速まっている状況にあります。中山間地域などの農村地域では、何もしないでそのまま放置している田や畑が依然として増え続けているのです（この耕作放棄地は、耕作者の意思による放棄としての扱いではなく、現在ではより客観的に把握された**荒廃農地**として統計を取っています）。

鳥獣被害は、耕作放棄地の増大と関連して、とくに中山間地域において、シカ、イノシシ、サルなどの野生鳥獣による農産物被害のことです。その被害額は年間 158 億円（2018 年度）にのぼります。被害防止策は各地域で知恵を絞ってさまざまな取り組みがされておりますが、被害の深刻化と広域化には歯止めがかかっていないのが実情です。

耕作放棄地や鳥獣被害は、農村地域で人が少なくなり、またお年寄りの方ばかりで、農業の営みができなくなってきていることに根本的な原因があります。そして、農村のこうした問題をこれ以上大きくしないようにしていくことが重要です。なぜなら、農村地域での私たちの大切なガーデン（畑）を損ない、ひいては私たち

[*4] 「限界集落」という用語については、必ずしも明確な定義がありませんが、ここでは「65 歳以上の高齢者が集落人口の半数を超え、冠婚葬祭をはじめ田役、道役などの社会的共同生活の維持が困難な状態に置かれている集落」（大野晃、2005、「限界集落 − その実態が問いかけるもの」、『農業と経済』2005 年 3 月号、p.5）としています。

の豊かな食にも影を落としつつあるのです。

農村地域での宝物探しのすすめ

経済成長によって物質的には豊かさが満たされた半面で、心理的な豊かさを感じる機会が減ってきています。私たちの価値観や意識は、物の豊かさから次第に、「ゆとり」や「やすらぎ」といった「心の豊かさ」を重視する方向に変化しています。今では、都市生活者の８割以上が農村地域の緑や水に恵まれた豊かな自然と美しい景観に魅力を感じるといわれています。

農村地域は、私たちに豊かな食をもたらすだけでなく、農業の営みを通した棚田などの美しい農村景観を創り出し、「やすらぎ」や「憩い」の空間も提供しています。さらに、農村地域には、ご当地ならではの郷土料理やお祭り、方言、伝統文化など、目に見えない宝物（資源）もたくさん詰まっているのです。つまり、農村地域には、豊かな自然やそこで営まれる農業、さらに地域に息づく伝統文化などの多様な資源を豊富にもっているのです。

グリーンツーリズムという言葉を聞いたことがある人も多いと思います。グリーンツーリズムとは、都市生活者が農村地域に出かけて、豊かな自然や伝統文化、地域住民との交流を楽しむ余暇活動です。多くの農村地域で、こうしたグリーンツーリズムに関連する農家レストラン、農家民宿、貸農園・体験農園などのさまざまな取り組みが行われています。

グリーンツーリズムなどを通して、みなさんも農村地域に足を運び、ぜひとも宝物探しをしてください。必ず何か大切な宝物を見つけられるはずです。

農村地域でこうした宝物を探すことは、私たちの豊かな食を育む農村を体感できるとともに、同時に農村に光を当てることにもなります。このことは遠回りのようですが、農村地域での私たちの大切なガーデン（畑）を守り、ひいては私たちの豊かな食を育む生産環境を守ることにつながるのです。農村地域での私たちの宝物探しは、わが国の海外食料依存率を低くする近道なのかもしれません。（宮部和幸）

〔課題〕

1. 農村地域で地域資源を活用して成果を上げている事例を調べてみよう。

2. 都市的地域での食料生産環境がどのようになっているのか考察してみよう。

もっと知りたい人への〔推薦図書〕

1. **小田切徳美著『農山村は消滅しない』岩波新書、2014 年**

早くに過疎化・高齢化と切実に向き合ってきた農山村は消滅しない。現場での豊富な調査にもとづき丁寧に報告されています。

2. **北川太一著『地域産業の発展と主体形成 — 食と農、資源を活かす』放送大学教育振興会、2020 年**

食と農、地域における人材を含めた有形・無形の資源について、これからの地域産業のあり方を解説したテキストです。

第II編
食の多様なあり方—豊かさの先の食

第13講 食用油が世界を救う？

その可能性と問題点

次に私たちが選択できるのは、食用油を食用以外に使うという方法です。

植物油の正体

ある日のランチタイム。コロッケを食べるグループの奥には、給油中のトラックが見えます。2つに何か共通点はあるでしょうか？

コロッケには**植物油**が使われ、トラックには**軽油**が使われています。人間が口にするものと車を動かすものですが、漢字は同じ「油」。何かの共通点はありそうです。

まずは植物油の話からスタートします。世界の2018/19年[*1]の植物油生産量は約2億t、うち37%がパーム油、28%が大豆油、13%がナタネ油でした。アブラヤシを原料とするパーム油は、即席麺やスナック類の加工で用いられ、ナタネ油は、その多くはキャノーラ油という名前で流通しています。**大豆油**が意外だったかもしれません。自宅の台所に**サラダ油**があるなら、ボトルの裏をみてください。「大豆油」との表示があるはずです。世界の大豆の約9割は、搾油用として栽培されています。

大豆油の正体は何だか知っていますか？

---

*1　こうした見慣れない表記となるのは、世界の農作物年度が、北半球が秋となる9月に始まるためです。たとえば、2018/19年は2018年9月から2019年8月までを指します。

大豆油等の**油脂**は、**脂肪酸** 3 分子と**グリセリン** 1 分子が結合したものです。脂肪酸としては**オレイン酸**、リノール酸などがあり、テレビ CM などでこれらの名前を耳にしたことがあるかもしれませんね。ちなみに「油脂」の漢字は両方とも「あぶら」と読みますが、常温で液体なのが「油」、常温で固体なのが「脂」です。大豆「油」と豚肉の「脂」、混同しないように。

代表的な脂肪酸にオレイン酸があります。分子式は $C_{17}H_{33}COOH$、パーム油の 40%、大豆油の 25%、ナタネ油の 62% を占めます。突然、化学の話になりました。C は炭素、H は水素、O は酸素、水は H_2O、**二酸化炭素**は **CO_2**、大丈夫ですね。話を続けます。

軽油と似ている植物「油」

軽油は、炭素と水素から構成される**炭化水素**です。オレイン酸に水素を添加すると、生成物のひとつとして軽油の成分である $C_{17}H_{36}$（ヘプタデカン）が得られます。こうした再生可能な植物性資源から作られる燃料は、一般にバイオ燃料と呼ばれます。

バイオ燃料には、（ガソリン代替燃料である）**バイオエタノール**や、（軽油代替

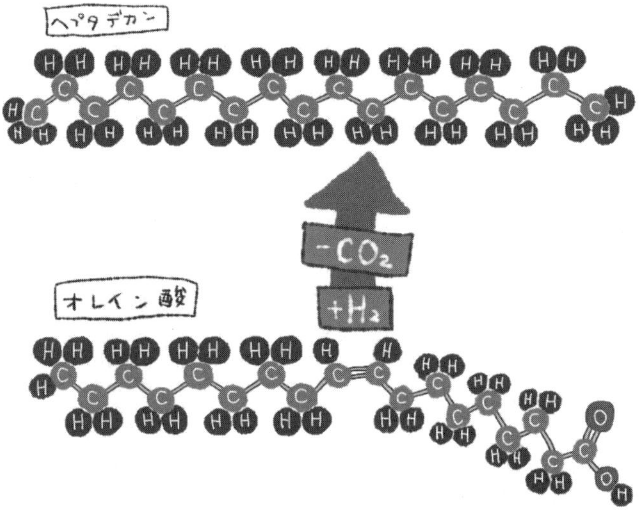

燃料である）**バイオディーゼル**などがあります。2019/20 年は、世界のナタネの 24%、大豆の 19%、トウモロコシの 16% がバイオディーゼル原料として栽培されました。

大豆油と軽油の類似性に驚いたかもしれません。植物油に水素を添加した燃料は、**HVO**（Hydrotreated Vegetable Oil：水素化植物油）と呼ばれ、2010 年代以降、生産が本格化しています[*2]。もっとも、実際の HVO の生成プロセスは、これほど単純ではありませんが。

19 世紀後半、ルドルフ・ディーゼルは、ピーナッツ油の利用を想定して**ディーゼルエンジン**を開発しました。その後、性能、コスト面で軽油が使用されるようになりましたが、歴史的には、植物油が先、軽油が後、という関係だったことは覚えておいてよいでしょう。

軽油とバイオディーゼルの価格競争

同品質の財 A と財 B があります。あなたはどちらを選びますか。おそらく価格が安いほうを選ぶでしょう（私もそうします）。軽油とバイオディーゼルについても同様の議論が可能です。

たとえば、軽油価格が高騰し、「大豆油価格 + ディーゼル変換費用」<「軽油価格」となれば、バイオディーゼルが一気に普及するでしょう。

図 **13・1** は、原油価格の推移を、代表的な原油価格指標である **WTI**（West Texas Intermediate）についてみたものです。

1979 年の第二次オイルショック後、省エネ技術が急速に発達したこともあり、原油価格は 20 年以上停滞していました。ところが、21 世紀に入り、中国、インドなどの**新興国**における燃料需要が増大し、2004 年ごろから価格が上昇をはじめます。膨らんだオイルマネーが原油市場に還流することで、原油市場はさらに活況を呈し、価格は上昇を続けました。長い間、1 バレル（約 160 l）20 ～ 40 ドル台で推移していた原油価格は、2008 年には月平均で 134 ドル、瞬間値で 147 ドルまで急騰したのです。

---

*2 2018 年時点では、バイオディーゼルの 8 割は **FAME**（Fatty Acid Methyl Esters：脂肪酸メチルエステル）が占め、HVO は 2 割にとどまっています。精製のために大規模プラントを必要とする HVO とは異なり、FAME はシンプルな設備（理科室レベル）で生産が可能です。

図 13·1　原油（WTI）価格の推移

資料：U.S. energy information administration より

軽油と植物油の間に発生した価格差は、バイオディーゼル生産を誘発しました。図 **13·2** は、2005 ～ 2009 年の EU における植物油消費を示しています。人口がほぼ一定のため、食用が変わらないのに対し、燃料用は 4 年間で 2.6 倍に急増しています。この時期、植物油の 3 割が燃料として利用されました。

原油とは？

原油からは、プロパンガス、ナフサ、ガソリン、灯油、軽油、重油、アスファルトなどが作られます。ガソリン、灯油、重油は大丈夫ですね。プロパンガスは LP

図 13·2　原油高騰期の EU における植物油の利用状況（単位：百万 t）

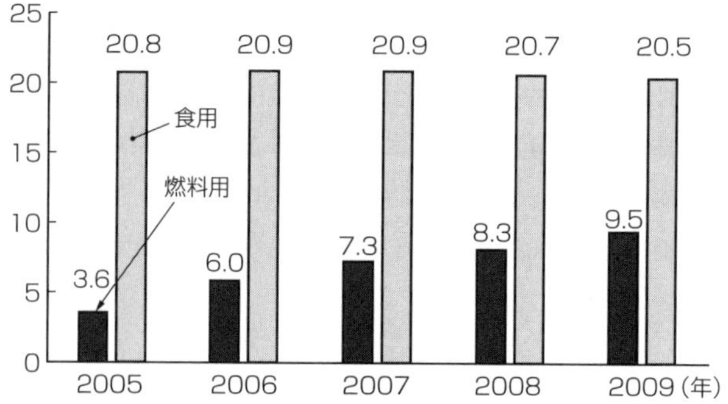

資料：Oil world より

(Liquefied Petroleum）ガス、液化石油ガスとも呼ばれます。ナフサについては、ピンとこないかもしれませんが、**レジ袋**やペットボトルなどの原料といえばすぐにわかるでしょう。

雑談です。2020 年 7 月の**レジ袋有料化**を受け、「レジ袋は環境に悪い」との認識が広まりました。話はそんなに単純でしょうか？　レジ袋などのプラスティック類は、ゴミ焼却時に助燃剤としての役割を果たしています。原油から作られているのですから当然ですね。使用後のプラスティック類を燃焼し、熱源として回収することを、**サーマル・リサイクル**（熱回収）と呼び、**循環型社会形成推進基本法**においても、リサイクルのひとつに位置づけられています。悪いのはレジ袋ではなく、ところ構わずポイ捨てする人間なのです。

関連して、ある地方自治体のゴミ処理担当者から、「焼却されるプラスティック類が減少したことで、焼却炉の温度が上がりづらくなり[*3]、重油を追加購入している。プラスティック類を必要以上に悪者扱いする風潮は、経済的にもまた環境的にも、どこかおかしいのではないか」という話を伺いました。物事には両面がある、という典型例ですね。

カーボンニュートラルなバイオ燃料

2010 年以降、原油価格は低下傾向にあり、植物油価格と軽油価格の差は縮小しています。では、世界のバイオディーゼル生産はどうなったでしょうか。図 **13･3** には、近年のバイオディーゼル生産量（3 か年移動平均）を示しました。

原油価格の低下にもかかわらず、生産量は 7 年間で約 50% 増加しています。これはどういうことでしょうか。

キーワードは**カーボンニュートラル**です。軽油とバイオディーゼルの最大の相違は、**地球温暖化**への影響にあります。

軽油は化石燃料です。軽油に含まれる C は、植物やプランクトンの遺骸が数億年から数千万年前かけて地熱・地圧などにより変成したものです。軽油燃焼により、CO_2 として空中に放出されますが、再び化石燃料として利用可能な状態になるには、気の遠くなる時間が必要です。結果、CO_2 は大気中に蓄積していきます。

他方、大豆油の C は、空気中の CO_2 が**光合成**を経て大豆に固定されたものです。

---

*3　**ダイオキシン**類の発生を防ぐため、焼却炉の温度を常時 800℃以上とすることが求められています。

図 13・3　バイオディーゼルの国・地域別生産量の推移（単位：百万 t）

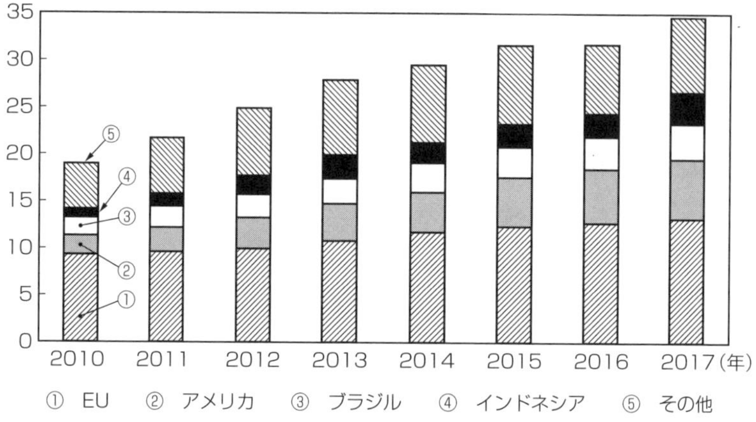

資料：Oil world より

大豆油を原料とするバイオディーゼルを燃焼すれば、たしかに CO_2 は放出されますが、翌年に再度大豆を栽培すれば、理論上は同量回収することが可能です。

「排出される二酸化炭素と吸収される二酸化炭素の量が同じである」ことをカーボンニュートラルと呼びます。地球温暖化対策が叫ばれるなか、各国でバイオ燃料の利用義務化が進められています。

バイオ燃料生産と土地利用変化

地球温暖化は、我々の生活にさまざまな面で影響をおよぼしており、カーボンニュートラルな燃料への関心はますます高まっています[*4]。

とはいえ、バイオディーゼルは CO_2 を削減する、単純に結論づけることはできません。大豆生産では、機械を動かすために化石燃料が必要ですし、肥料、農薬の製造にも化石燃料が必要となります。1 l のバイオディーゼルを製造するために軽油を 2 l 使用したのでは、意味がないですよね。カーボンニュートラルという理念は美しく、直感に訴えかけるだけに、その扱いには慎重さが求められます。

さまざまな議論はありましたが、2000 年代までは、バイオ燃料は基本的にカーボンニュートラルな「よい燃料」という認識が世界的に広まっていました。

2010 年代以降、風向きが変わります。EU を中心に以下の議論が始まります。それは、「バイオ燃料作物の栽培によって土地利用は変化する。新たに農地が開墾され、そこから新たに**温室効果ガス**が発生する。農地や草地から新たに発生する温室効果ガスまで含めるとバイオ燃料作物はカーボンニュートラルといえるのか？」というものです。

大豆と家畜を生産する先進国と家畜を生産する途上国を例（図 **13･4** ①）にとり、この問題を考えましょう。先進国が、草地を畑に転換してバイオディーゼル原料の大豆の栽培を開始するとき、何が起こるでしょうか。草地の土壌は、大量の炭素（C）を有機分として貯蔵しているため、耕起などにより、CO_2 が大気中に揮散します（図 **13･4** ②）。問題はこれにとどまりません。

土地利用変化

草地が減る結果、先進国の家畜生産が減少します。先進国の肉の需要量は変わらないため、生産の減少分は途上国からの輸入で補填しなければなりません。このとき途上国は、**森林を伐採**して（図 **13･4** ③）**草地に転換**します（図 **13･4** ④）。森林土壌には、草地以上に多くの C が貯蔵されていますので、大気中により多くの CO_2 が放出されることになります。

その量はどのくらい？　という疑問がわくと思いますが、土壌の質や草地の種類、森林の樹齢、作物の栽培方法などの影響を受けるため、定量化は簡単ではありません。参考までに、2018 年時点での日本における 1 ha 当たりの炭素貯蔵量の

[*4] SDGs の目標 13 は「気候変動に具体的な対策を」です。

図 13·4　大豆栽培と牛肉

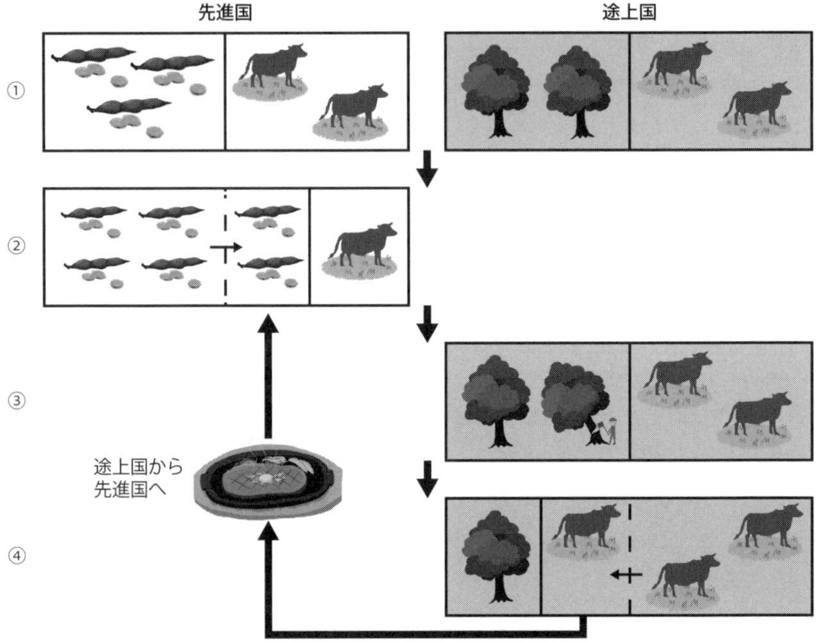

平均値は、畑が 1.3 t、草地が 13.5 t、森林が 100.4 t、大豆栽培過程における温室効果ガス排出量は、1 ha 当たり年間 1.1 t です（日本国温室効果ガスインベントリ報告書、2020）。以上の数値から、土地利用変化の影響の大きさをイメージできると思います。

バイオ燃料生産の現在地

環境に対する関心が高く、バイオディーゼル生産がさかんな EU は、2009 年、輸送用燃料におけるバイオ燃料の混合割合目標を 10% とする**再生可能エネルギーに関する指令**（**RED**：Renewable Energy Directive）を出しました。ただ、この指令は、バイオ燃料に対する懸念を受け、その後、数度修正されます。

2015 年には、大豆やナタネなどの食物由来バイオ燃料（**第 1 世代バイオ燃料**）の混合割合に上限（7%）を設けます。2018 年の改正では、上限値を実質的に下方修正するとともに、間接的土地利用変化のリスクが高い（= **炭素貯蔵量**の多い）

農地でのバイオ燃料用作物生産を、2030年までに全廃することを決定しました[*5]。

環境によいと一般に考えられているバイオ燃料ですが、近年では「本当にカーボンニュートラルといえるのか？」について厳しい目が向けられています。

環境問題を批判的に考えよう

本講では、「バイオディーゼルは軽油よりすぐれているか」についてウイングを広く取って議論しました。環境問題に関心の高いみなさんほど、イメージと違った内容だったかもしれません。

少し説教くさい話をして、まとめとします。それは批判的精神の大切さです。もし、みなさんの周りに「私のいうことは正しい、私のいうことを信じろ」という人がいたら、ぜひ疑ってかかってください。何かを無批判に受け入れることは簡単です。自分で勉強する必要がないからです。でも、何かを批判するには、その材料を集め、自分なりに咀嚼したで判断を下す必要があります。

本講の内容についても「自分の主張に沿ったデータだけを、都合よく切り取っているだけじゃないの？」と思うことが重要です。高校までの「学習」と大学での「学修」の違いはここにあります。食品ビジネス学の学修、引き続きがんばりましょう。

（小野洋）

〔課題〕

1. 世界のバイオ燃料生産は増加していますが、日本では、国産原料（廃食用油や油糧作物など）のバイオ燃料生産はほとんど行われていません。なぜでしょうか。
2. カーボンニュートラルのみならず、近年では「カーボンネガティブ」という単語を目にします。どういう意味で、どういう例があるか、調べてみましょう。

もっと知りたい人への〔推薦図書〕

1. 山本良一著『気候危機』岩波ブックレット、2020年
   地球温暖化問題について、何が本当の問題なのかを簡潔に整理。
2. 泉谷眞実・野中章久・金井源太・小野洋共著『リサイクル・バイオ燃料が切り拓く新たなビジョン』弘前大学出版会、2018年
   国内におけるバイオ燃料生産の取り組みを多角的に分析。

[*5] 2021年以降に新設される輸送用バイオ燃料製造施設では、非食物由来原料（原料は廃食用油やレンダリング工程で発生する獣脂）のバイオ燃料（第2世代バイオ燃料）のみ製造が許可されます。

● コラム — SDGs を体感する

SDGs は全世界共通の目標ですが、(目標 1) 貧困をなくそう、(目標 2) 飢餓をゼロに、(目標 6) 安全な水とトイレを世界中に、(目標 13) 地球温暖化に具体的な対策をなどといわれてもピンとこない人は少なくないでしょう。

百聞は一見に如かず。資源・環境経済学研究室では、1 人当たり国民所得が日本の 1/25、2050 年には国土の 5 ～ 8 割が海に沈む（国連報告書）とされる南太平洋のキリバス共和国を有志で訪問し、さまざまな体験をします。

温暖化調査：マングローブの植林を通じ、地球温暖化による海面上昇被害の回避策を考えます。ただ、事前学習に熱心だった学生ほど、メディア報道（温暖化が浸水被害の元凶だ）と現地実態（浸水被害は昔からある現象だ）の乖離に頭を悩ませることになります。なぜこうした乖離が生まれるのかは、きわめて興味深い問題です。

水質調査：分析機材を持ち込んで井戸水を収集し、水質汚染の実態を探ります。ある年の調査では、分析した 14 サンプルのすべてが、日本の基準では飲用に不適なばかりか、農業用水としても不適でした。現地の人と解決策をひとつずつ検討しますが、問題は次から次に現れ、消えることはありません。

離島の訪問：首都から船で 1 時間も行けば、そこは電気も水道もない世界です。スマホもゲームもありませんが、子どもたちは小枝をおもちゃにいつまでも遊んでいます。日本ではみることのない底抜けに明るい笑顔は、物質と精神、豊かさと貧しさを考える最高の題材です。

当初は物見遊山だった学生も、帰国後は明らかに目の色が変わります。塩っぱいシャワーにミネラルウォーターでの歯磨き。リアル SDGs、みなさんも体感しませんか？

（小野洋）

赤道直下でのマングローブ植林

ライフライン未整備の Buariki 島にて

第 III 編

持続可能な食のために

「消費者」になる

第III編

持続可能な食のために—「消費者」になる

第14講 なぜ食品偽装が起きる？

消費者はだまされたくない！

ここからは、消費者に焦点を絞って、現在置かれている「食」の状況について考えてみます。便利で多様な食とその環境も、消費者のニーズや関心があってこそ成り立ちます。食の多様な世界とは、消費者の心を映し出したものともいえるのです。

しかし一方で、食品を実際に作っている企業に比べたら、商品を選択する消費者がもっている食の情報はかなり少ない（**情報の偏在**）のが実態です。さあ、私たち消費者は「どんな消費者」になることで「豊かな食の未来」を手に入れることができるのでしょう。

ほしい情報を得るのは難しい

みなさんは、何か物を買って、それを食べたり使ったりしてみて、「思っていたのとは違うなあ」と感じたことはありますか。

味や香りやボリューム感についての情報は、商品パッケージに表示されている文字や写真、ネット上の評価などからある程度は想像できますが、人それぞれの感覚や好みもあり、最終的には、自分が食べてみないとわかりません。

商品の製造・販売者が、消費者をだますつもりや裏切るつもりがなくても、その商品についてのすべての情報を消費者に届けることはできませんし、消費者も商品を使ってみるまで、その商品のすべての情報を得ることはできません。さらにいえば、使ってみてもわからない情報があるかもしれません。靴をちょっと履いてみたときに、よくフィットしていたとしても、その靴を履いてたくさん歩いたら足が痛くなるかもしれません。

それでも、できるだけ情報を得ることは大切です。たとえば、「甘いものの食べすぎはよくない」という情報があれば、どれぐらい食べ過ぎたらよくないのかという正確な情報がなくても、無茶な食べ方はしないように気を付ける人が増えるで

しょう。

人類にとって、「食べる」ということが命がけだった時代がありました。今、みなさんがシイタケやマツタケなど、おいしいキノコを食べることができるのも、昔の人たちが、命と引き換えに「これは食べられるキノコ」「これは毒キノコ」という情報を蓄積してきたからです。たくさんの人たちが、昔、毒キノコの被害に遭ってきました。「食べられるかな」と期待して食べて「キノコにだまされた」ということです。人間にだまされたわけではありませんが、「情報がなかった」からキノコの被害に遭ったという点では、商品を買って「期待したのと違った」のと同じ意味をもっています。

人間は、「単純でわかりやすい」情報を好みます。たとえば、「縦に裂けるキノコは食べられる」などといった迷信が今でも残っています。毒キノコと食用キノコを1つずつ覚えていくのは面倒なので、「手っ取り早くて単純」な迷信に惑わされてしまいがちなのです。

そして単純でわかりやすい情報のほうが広がりやすく、正確で複雑な情報は広がりにくいため、いまだに毒キノコで中毒を起こす人が後を絶ちません。

情報を伝えることの難しさ

このように、人はだまされやすいものですし、商品についての完全な情報を得られるとも限りません。ですから、消費者が商品を購入して、「期待と違った」「だまされた」と感じる場合の第一のパターンは、事業者に悪意もミスもなく、消費者に十分に情報を伝えたつもりでも、その情報が消費者に「うまく伝わっていない」場合です。この、「うまく伝わっていない」には、2つの側面があります。

消費者の思いと事業者の思い

ひとつは、消費者のほしいと思っている情報と、事業者が消費者に提供すればよいと思っている情報に齟齬があるということです。商品についてのあらゆる情報を

パッケージに書きこんだり、ホームページで発信することは困難です。たとえば、パンの場合、原材料や消費期限や主なアレルギー物質（特定原材料7品目）や主な栄養成分や小麦粉の原産地も表示されるようになりました。

パンや菓子のような小麦粉加工品に小麦粉の原産地が表示されるようになったのは、2017年9月1日に改正**食品表示基準**が施行されたことにともなうものです。業務用加工食品を除くすべての加工食品について、改正前の食品表示基準では、加工食品の原材料のうち、「原材料および添加物に占める重量の割合が最も高い生鮮食品で、かつ、当該割合が50%以上であるものの原産地」を表示することとなっていましたが、改正食品表示基準では、「使用した原材料に占める重量の割合が最も高い原材料」の原産地を表示することとなりました。つまり、原材料が加工食品である場合や、割合が50%未満の場合でも原産地表示をしなければならなくなったのです（2022年3月31日までは猶予期間）。

ただし、**表示義務**があるのは、あくまでも直接の原材料である「小麦粉」の原産地です。パンの表示を見ると「小麦粉（国内製造）」などと記載されていますが、輸入小麦を使っていても、国内で製粉した小麦粉なら「小麦粉（国内製造）」と表示されます。小麦粉の原材料である小麦の原産地を表示する義務はありませんが、国産小麦を使用していれば消費者に対するアピールポイントになるので、パッケージなどに「国産小麦使用」などと表示されていることがあります。逆に、輸入小麦を使用していることはアピールポイントにはならないので、

図14·1　表示義務のない小麦の原産地を記載している例

名　　称	焼菓子
原材料名	小麦粉（小麦（九州産））、赤糖、黒糖、鶏卵、水飴／膨張剤（一部に小麦・卵を含む）

九州産小麦の使用表示
小麦粉の原産地は表示されていないので、旧基準よる表示。

名　　称	食パン
原材料名	小麦粉（国内製造）、砂糖、バター入りマーガリン、塩、米粉、醸造酢、（一部に小麦・乳成分を含む）
「ゆめちから」の小麦粉を3%使用（小麦粉中）	

原材料名の欄外に「ゆめちから」の使用表示
別途、「ゆめちから」が国産小麦であることを示すロゴが付いている。

「輸入小麦使用」「外国産小麦使用」などと表示されることは、まずありません。

このように、消費者が実際にほしい情報と事業者が提供している情報にズレがあることがありますし、ほしい情報は人によっても違うので、事業者は消費者のほしがっている情報の中から最大公約数的な情報を提供することになります。そうすると、人によっては「ほしかった情報が載っていない」「食べてみたら思っていたのと違った」ということも起こりうるのです。カレールーなら「辛口」「中辛」などの表示と同一事業者製の複数ブランドの辛さ一覧表などが掲載されていますが、アンパンには「大甘」「中甘」など表示されていないので、買ってみたら好みの甘さではなかった、ということもあるわけです。

情報を理解するのは難しい

もうひとつは、事業者が提供している情報を、消費者が十分に理解できないということです。たとえば菓子やパンには「加工でんぷん」が添加されているものがありますが、多くの人は、原材料表示に「加工でんぷん」とあっても、でんぷんだから問題ないでしょうと思って、それ以上、考えません。

でもそれでは「加工でんぷん」のことを理解したことにはなりません。この原稿を書いている2021年春時点で、EUでは「加工でんぷん」のうち2種類について、その製造過程で用いられる化学物質の発がん性が否定できないという理由で「乳幼児向け食品には用いるべきではない」添加物としています。

では、使用している「加工でんぷん」の種類を化学式で表示すればよいかというと、それでは消費者にとってはチンプンカンプンです。このように、原材料の表示だけをみても、その原材料について正確に理解できるとはかぎりません。ですから、あとで正確なことを知って「こんなはずじゃなかった」と思うことも起こります。「加工でんぷん」の場合も、その情報を正確に知っていれば、判断が変ったかもしれない、ということです。

また、事業者が存続するためにはある程度の利益が必要ですが、消費者に情報を提供するにはコストがかかります。その**情報提供**が販売促進に役立つようなものならば、コストをかける価値がありますが、消費者が原材料表示にあまりこだわっていない場合、原材料表示を細かくしても**販促効果**はあまり期待できません。逆に原材料表示にこだわる消費者が多くなれば、原材料表示を丁寧にした商品のほうが売れるようになって利益も多く得られる期待がもてますから、事業者は丁寧な原材料表示をするようになるでしょう。

人間はミスをする ― 悪意はなくても事故は起こる

第二のパターンは、事業者が何かのミスをしてしまった場合です。食品を作っているのも人間ですから、ミスをゼロにすることはできません。原材料の配分や加熱時間を間違えたり、賞味期限表示を間違えたり、原材料の仕入れ先が変ったのに産地表示を変えるのを忘れたりと、さまざまな間違いが起こりえます。

ミスをできるだけ少なくするために、HACCP（ハサップ）*1 の導入などによって、ミスや事故が起こりやすい工程を分析して重点的に管理したり、記録を付けて後追いできるようにしていますが、それでもミスや事故をゼロにすることはできません。ミスや事故をゼロに近づけようとすればするほど、コストは上昇していきます。そして、こうしたミスや事故によって欠陥が生じた商品を買った消費者は「期待したとおりの品質ではない」と感じたり、場合によっては重大な健康被害を招くこともありえます。

少し変形していたり、重量が規格どおりでなかったといった軽微なミスなら、健康被害をもたらすわけではないので、どの程度のコストをかけて、どの程度ミスの確率を低減させるのかというバランスを考えて、ミスが発覚した時点で商品回収をするとともに、消費者の受けた損害を何らかの形で補償すればよいという考え方もありえます。

しかし、人命にかかわるような事故は徹底して避ける必要があります。限界はありますが、少なくとも、その商品で重大事故が発生する確率がどの程度あって、その商品はどの程度の価格（コスト）なのか、という情報は、消費者が商品を選択する際の重要な情報です。「このぐらい安全なら、このぐらい高くてもいい」「ちょっと危なそうだけれども、これくらい安いのなら許せる」「リスクはあっても得られる利益のほうが大きい」といった判断ができるような情報が必要です。

とはいえ、事業者が利益を求めている以上、事業者は**商品の安全性**をアピールすることには熱心でも、**商品の危険性**についてはあまり積極的には表示しません。それでも法律で決められていれば、表示せざるを得ません。たとえば「タバコが肺がんなどの原因となっているのではないか」ということは以前から多くの人がなんとなく知っていましたが、昔は「吸いすぎに注意しましょう」ぐらいしか表示されていませんでした。現在は「たばこ事業法」などの法律に基づいて、タバコが肺がん

---

*1　アメリカの宇宙食の製造から始まった、製造過程の危険ポイントを重点的に管理する手法。

の原因のひとつであることなどが表示されるようになっています。このようなマイナスイメージをもたらす表示は、法律で義務付けられないと、なかなか表示されないのです。

意図的に偽装されることもある

第三のパターンは、事業者が消費者をあざむこうとする明確な悪意をもってウソの情報を表示したという最悪の場合です。こうなると、消費者は簡単にだまされてしまいます。売れ残った商品の賞味期限を書き換えたり、肉の産地やコメの品種を偽装したり、表示義務のある添加物など本来提供すべき情報をかくしたりというように、表示を故意にごまかされた場合、消費者がそれを見抜くのはとても難しいことです。そして、企業は利益を必要としていますから、表示をごまかしてコストをカットして利益を得ようとする事業者も出てきます。

有名な食品偽装事件として1960年に起こった**ニセ牛缶事件**があります。牛の絵の付いた牛肉大和煮缶詰の原材料として、馬肉や鯨肉が使われていた事件です。

最近も偽装事件はたくさん起こっています。2007年、豚肉などを混ぜたひき肉を牛ひき肉として販売した事件が起こりました。この年は菓子などの**賞味期限偽装**も多く表面化しました。賞味期限が過ぎても、すぐに食べられなくなるわけではありません。また、「合いびき肉」という食品があるぐらいですから、牛肉と豚肉を混ぜること自体が悪いわけではありません。しかし、「これは牛ひき肉だ」と称しておきながら豚肉を混ぜたり、賞味期限を偽装することは、消費者をだましたことになります。たとえ安全性に問題がなくても、そんな企業の製造する商品を安心して買うことはできませんし、思想信条上の理由で特定の肉を食べたくない人もいますから、偽装は大問題です。

こうした事件の頻発も背景となり、2009年に**消費者庁**が設立されましたが、それでも偽装が一掃されたわけではありません。JAS法とそれを引き継いだ食品表示法違反による「指示」件数を見たのが図**14・2**です。

指示とは、悪意のない単なる一時的なミスに対して出された「指導」に従わな

図 14·2　食品表示基準に係る指示件数

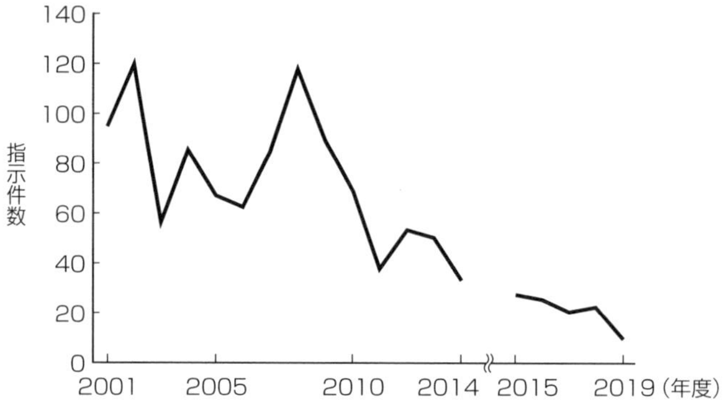

資料：農林水産省「食品表示法違反及び JAS 法違反に係る指導件数等について」より作成
注：2014 年度までは JAS 法、2015 年度からは食品表示法による食品表示基準に係る指示件数であり、2014 年度以前と 2015 年度以降は接続しない。

かったり、常習性があったり、ミスが判明したときに自主的に速やかに公表しない場合に出されるものですから、「故意」「悪質」な違反です。

「指示」件数は 2001 ～ 2003 年度ごろと 2006 ～ 2007 年度ごろにピークがありましたが、その後、件数は減少しています。とはいえ、2019 年度でも 10 件の「指示」が出されています。

指示件数全体としては減少していますが、図 **14·3** に示したように、加工食品に係る指示件数は、**食品偽装**が多発した 2007 年前後と比べると減少しているものの、

図 14·3　食品表示基準に係る指示件数（加工食品）

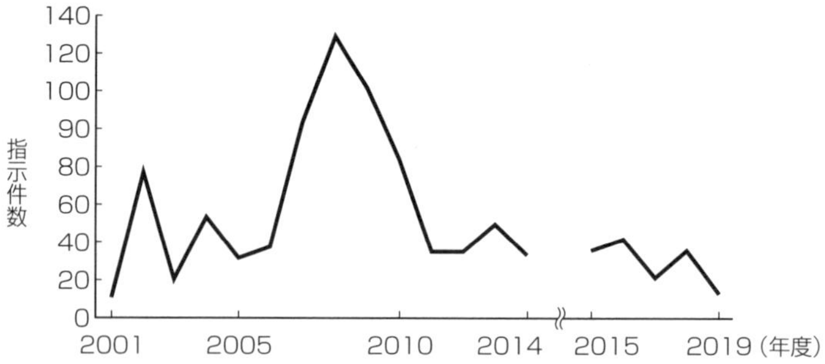

資料および注：図 **14·2** に同じ。

2000年代前半と比べてみると必ずしも減っていません。

最近では、外国産の農水産物を国産と偽るなど、原産地を偽ったり、コメの精米年月日や加工食品の加工日、賞味期限を偽ったりする事例が「指示」を受けています。養殖物の魚を天然物と偽る事例、また、使用している添加物を表示していなかったり、逆に使用していない有機原材料を表示するなどの偽装もみられます。

食品偽装の特徴

食品偽装は日本だけで起こっているわけではありません。2013年にはヨーロッパで馬肉混入事件が発生しました。牛肉が原材料であるはずの肉製品に、馬肉が混ざっていたのです。

また偽装は食品に限った問題でもありません。ブランド物のバッグや時計の偽物はたくさん出回っています。偽物であることをかくして販売されていることもありますし、堂々と「スーパーコピー」などと名乗って販売されている場合もあります。たとえ偽物と正直にいって販売しているのだとしても、ブランドのロゴなどは**商標登録**されていますから、コピーをして販売すること自体が違法です。

このように、偽装は食品以外にもおよびますが、食品には食べるとなくなってしまうという特徴があります。高級バッグを買って使った後に「これホンモノかしら？」と思って鑑定してもらうことはできますが、高級和牛を食べた後に「これホンモノかしら？」と思って鑑定してもらうことはできません。そのうえ、国産和牛のステーキと、交雑種のステーキとを食べ比べて味の違いを判別することは、なかなか難しいものです。和牛と交雑種の違いはおろか、調理加工してしまえば牛肉と馬肉の味の違いでさえ判別しにくいからこそ、「ニセ牛缶事件」や「馬肉混入事件」が成立しえたわけです。

消費者が舌で感じた味の違いだけでは本物と偽物が区別しにくいので、業界内部からの「あの業者はおかしいんじゃないの？」という指摘や、偽装業者で働いている良心的な従業員からの勇気ある内部告発で偽装が明るみに出る例も少なくありません。

消費者の消費態度も偽装の要因

事業者が目先の利益を追うあまり、偽装に走って儲けても、それが発覚したときには消費者の信頼を失って経営が傾くでしょう。とはいえ、目前の利益がまったくないのでは事業者も苦しくなります。偽装しなくてもある程度の目前の利益を得ることができれば、偽装しようという動機は小さくなるかもしれません。偽装しなくても利益を得られるような価格で商品が売れるのなら、事業者はある程度の利益を確保できるでしょう。

しかし、同じような商品が並んでいたとき、たいていの消費者は安いほうを買うでしょう。所得の少ない消費者ほど、より安いものを買わざるを得ませんし、将来の生活不安があると節約して少しは貯蓄しておこうということになります。

こうして、「できるだけ安く買おう」とする消費者が増えれば増えるほど、事業者の利益は圧迫されて、**偽装の動機**が生まれやすくなります。「できるだけ安く買おう」という人を減らすには消費者の所得を増やさなければなりませんから、給料を上げなければなりません。とはいえ、給料を上げると、その給料を上げた事業者の利益は圧迫され、偽装の動機が生まれるかもしれません。堂々めぐりです。

こうした現実の中で、消費者は無理のない範囲で「多少高くても品質のよいものを買う」、「表示をよく見て丁寧に表示されているものを買う」ということはできそうです。答えは簡単ではありません。しかし、本講の最初で述べたように、わかりやすいことが正しいことだとは限らないのです。　（友田滋夫）

〔課題〕

1. 価格の違うコメ、国産農畜産物と輸入農畜産物、賞味期限に余裕のあるものと賞味期限ぎりぎりのものなどを食べ比べて、味の違いがわかるか試してみましょう。

2. 加工食品を１点購入して、その表示の中でわからなかったことを書き出してみましょう。

もっと知りたい人への〔推薦図書〕

1. **話し手 及川昭伍・聞き手 田口義明『消費者事件 歴史の証言 ― 消費者主権へのあゆみ』民事法研究会、2015 年**

消費者被害を防止するための制度設計に携わった方へのインタビュー。

2. **中村啓一著『食品偽装との闘い ― ミスター JAS 10 年の告白』文芸社、2012 年**

食品偽装事件に対応してきた農林水産省の元職員が食品偽装の実態を語る。

第III編

持続可能な食のために—「消費者」になる

第15講 食について学び続けよう

切れ目ない食育をめざして

正しい食の情報を選択するためにも、私たちは学び続けることが必要です。そのためには、どのような取り組みがあるのでしょうか。

食の情報、どこから？

あなたは食に関する情報をどこから得ていますか？

2020年3月の**食育**に関する意識調査報告書によると、信頼できる情報源として、食品安全に関する情報をどこから入手したいと思うか、という問いに対して、「テレビ」をあげた人の割合が70.6%と最も高く、「新聞」(47.1%)、「インターネット上のニュースサイト等」(39.2%) と続きました（図**15･1**）。これは食品安全に限っ

図15･1　信頼できる食品安全に関する情報源

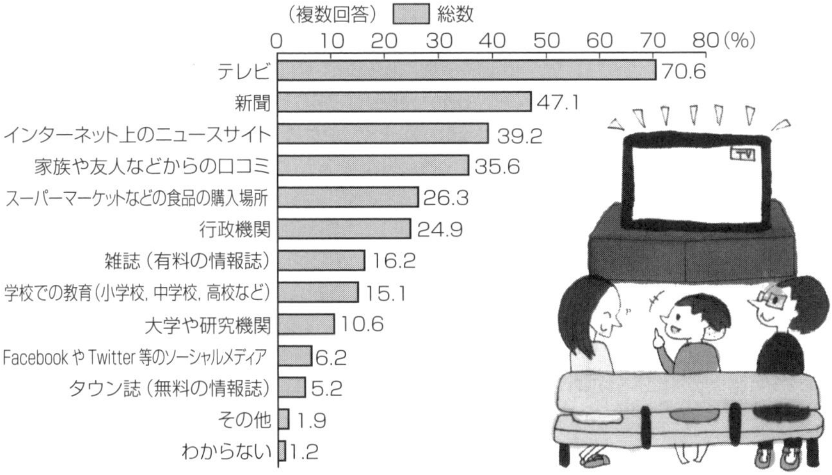

資料：農林水産省「食育に関する意識調査報告書」2020年

た質問ですが、食についての情報の多くも同様でしょう。

情報社会である今日、テレビやインターネットから簡単に食の情報を手に入れることができます。しかしながら、テレビ視聴時間が長い子どもは菓子やソフトドリンク摂取が多く、野菜や果物の摂取が少ない、望ましくない食事をしているという報告があります。これは、テレビの視聴時間が長いと、食品広告による影響を受けやすいためと考えられています。

こうした影響に対処し、望ましい食習慣を形成するには、日々流れてくる膨大な情報を鵜呑みにせず、正しい知識を基に適切な判断をする力を身につけることが必要になります。そのために、近年強く求められるようになったものが学校・家庭・社会が連携して行う食育です。

食育とは、心身ともに健康で豊かな生活を送るために重要なものです。食育の対象は子どもだけでなく大人もですし、食育の場は家庭・学校・地域と場所を選びません。食育は意図して学ぶものだけでなく、日常生活で自然と身につくものも含まれているからです。

食育を支える政策

食育という言葉は、2005年に**食育基本法**が制定されてから一般でも広く使われるようになりました。ここでは、食育基本法が制定された背景をみていきましょう。

2001年に国内で初めて牛海綿状脳症（BSE）が発生しました。BSEに感染した牛は、脳の組織がスポンジ状になり、異常行動を示し、死に至ります。感染した牛の映像は非常にショッキングでしたし、BSE感染牛から食品を介して人に伝達する可能性も考えられることから、食品の安全に対する国民の関心は高まりました。このことが食品安全行政の見直しを行う直接的なきっかけとなりました。

そして、2003年に**食品安全基本法**が制定されました。このとき食品安全行政に導入されたのが、「食品のリスク分析」の考え方です。リスク分析はリスク評価、リスク管理、リスクコミュニケーションの3つの要素で構成されています。リスク評価とは、食品に含まれる、健康に悪影響を及ぼす物質を食べることによって、健康への悪影響が起こる可能性と、その程度を科学的に評価することです。リスク管理は、リスク評価の結果を踏まえてリスクを低減するための政策や措置を決定、実施することです。リスクコミュニケーションは、リスク分析の過程で関係者が相互に情報や意見を交換することです。この「関係者」の中には消費者も含まれています。消費者も積極的に食品の安全性を確保するために必要な知識を深めていくことが求められるようになりました。

さらに2004年には、それまでの「消費者保護基本法」から「保護」が削除され、**消費者基本法**となりました。これによって、事業者を規制することで消費者を保護しようとするものから、消費者を支援することで自立をうながすというスタンスに変わりました。消費者の権利の中には「消費者教育を受けられる権利」があります。消費者教育の課題の中には、マナーの習得、「もったいない」という意識の育成、食品ロスの削減や地産地消の推進といった食育の取り組みも含まれています。

こうした中で食育基本法は制定されました。食育基本法では、食育推進基本計画を作成し、取り組みを進めています。2016年には2020年度までの5年間を対象として**第3次食育推進基本計画**に推進の方針や目標値を掲げ、取り組むべき施策等を提示しています（2021年度より「第4次食育推進基本計画」がスタート）。

第3次食育推進基本計画には、私たちが、生涯にわたって健全な食生活を実践し、豊かな人間性を育むためには、個々人が意識し実践するだけでなく、「生産か

図15·2　食育の環

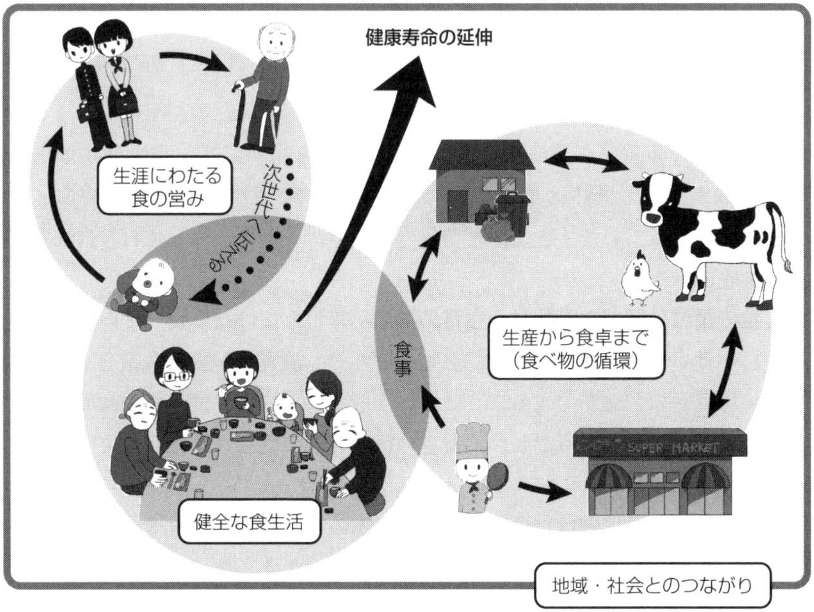

農林水産省：第3次食育基本推進計画のイメージ図より作図

ら食卓までの食べ物の循環」や「生涯にわたる食の営み」にも改めて目を向ける必要があるとして、5つの重点課題を設けています。この5つの重点課題は、それぞれの環をつなぎ、広げていくことが求められています（図 **15・2**）。

① **若い世代を中心とした食育の推進**　20～30歳代はこれから親になる世代でもあるため、健康の源でもある食を見つめ直し、将来へつなげていく取り組みが必要です。「食育に関する意識調査」によると、若い世代も「食事に関するあいさつや作法」や「食を通じたコミュニケーション」などについての関心は、ほかの世代よりも高くなっています。SNSを活用したり、学校や飲食店などの若い世代に身近な場所で**情報発信**をしたりするなどの工夫や、気楽に、無理なく参加できる取り組みが推奨されています。若いみなさんは、どんな取り組みに興味がありますか？

② **多様な暮らしに対応した食育の推進**　健全で充実した食生活を実現させるきっかけとして、地域で幅広い世代が集う**共食**の場を提供していくことも食育の推進のひとつです。全国各地で開設されている「子ども食堂」の中には、困難を抱える子どもへの食事提供だけでなく、地域住民との交流の場として子どもの孤食に取り組んでいます。地域などで共食経験がある人の多くが、コミュニケーションを図れたことや楽しかったことに共食のよさを感じています。家族や仲間、さらには地域の人との食事で新しい発見があるかもしれません。

③ **健康寿命の延伸につながる食育の推進**　世界でも有数の長寿国である日本において、平均寿命と**健康寿命**（日常生活に制限のない期間）の差を縮めることが個人の生涯にわたる生活の質を向上させる上でとても大切です。2016年の厚生労働省の調査によると、男性は8.84年、女性は12.35年、平均寿命と健康寿命に差があることがわかっています。生活習慣病の予防や改善のためにも食育の推進が重要となります。

④ **食の循環や環境を意識した食育の推進**　毎日なにげなく食べている物について、それが食卓に届くまでの道のりを知ることで、消費者が**食の循環**を支える当事者目線で環境への配慮ができるようにという取り組みです。食べ物の循環を支えている事業者が、積極的に行動し、消費者の**行動変容**に役立つ情報発信をすることが求められています。

⑤ **食文化の継承に向けた食育の推進**　日本の**食文化**には、料理はもちろん、食材、食べ方、作法などさまざまな要素が含まれています。今、日本食が世界中から注目を集めている一方で、日本の食文化の存在感が失われつつあるという現実もあります。これらを未来につなげていくための取り組みが必要です。

第3次食育推進基本計画では、個人で、家庭で、地域で、食品産業で、これまでの個々の取り組みを連携・協働して、食育をよりいっそう広げていくことを目標としています。

高校生と食生活教育

生涯にわたる食育の環について、取り組みを紹介してきましたが、食育の場には当然、学校が含まれます。ここでは、学校での食に関する指導を、意図をもって学ぶもの、教育するものとして、**食生活教育**と呼びたいと思います。かつては生活を営むこと自体が食習慣の伝承など食育の場でした。しかし現代では核家族化の進展などの社会環境の変化や、家事の外部化などを背景に食生活のあり方が大きく変わってきました。食事の準備を家庭内で行っていない世帯もあり、無意識下での食育が行われにくくなっています。だからこそ学校での食生活教育もより求められています。

第**3**講にあるように、ハンバーガーをはじめとしたファストフード店は私たちにとって身近な存在です。1970年代に日本に進出してきたマクドナルドの店舗数は、2000年には3,000店舗を超え、2021年の現在でも2,900店舗に上ります。現在を生きる若者たちにとって、ファストフードは幼いころから近くにある、親しみやすいものといえるでしょう。高校生になると自由意思で外食を選ぶ機会が増えてきます。友だちと、仲間たちと外食をするとき、どんなお店を選んでいますか？　ファストフードを選択している人たちも多いのではないでしょうか。高校生は**自立した食生活**の第一歩を踏み出す時期といえます。「豊かな」食生活を確立していくために重要なこの時期に、学校ではどのような食生活教育が行われているのでしょうか。

少し意外に思うかもしれませんが、食生活教育と関連している教科に、地理歴史、理科、保健体育をあげることができます。たとえば、歴史では稲作の伝来による生活の変化から日本の食文化への理解を深めたり、地理では気候や地形を生かした農林水産業による地域形成を学んだりすることができます。理

科では植物が自ら養分を作り出すしくみや人間の消化吸収のしくみを学びます。保健体育では健康の保持増進には、適切な食事、適度な運動や休養をとり、調和のとれた生活を続ける必要があることを学びます。このように多くの教科で食生活教育は行うことができますし、実際に行われています。さらに、食生活教育はそれぞれの教科で独立して行うのではなく、教科を横断して学校の教育活動全体で推進していくとされています。

家庭科と食生活教育

とはいえ、高等学校で食生活教育の中心となるのは**家庭科**といえるでしょう。家庭科での食生活教育の特徴は、調理実習などの実践的・体験的な活動を通して学ぶことができることです。調理技能を習得する以外にも手作りの楽しさを体験することができるので印象に残っている人も多いと思います。最近では家庭科が週に1時限（45～50分）しかない学校もあり、その中でも実習ができるようにと教師は試行錯誤しています。

たとえば、鍋で直蒸しして作るプリンは、蒸し器やオーブンを使うよりも短時間で手軽に本格的なプリンが作れるため生徒たちにも好評です。**時短調理**は短い授業時間内に終わらせることができるだけでなく、学んだことを家庭で実践しやすいというメリットがあります。生活の変化に合わせて実習でも材料・分量・作り方を単純化して日常生活に応用できるようにしたり、きちんと習得させるために個人がそれぞれ料理を完成させる一人調理を取り入れたりと、さまざまな方法が提案されています。このように調理実習は重要なものですが、中には家庭科の授業の思い出が調理実習だけの人がいるのは残念です。調理実習は、何をどのように食べるのか、適切に意思決定できるようになるための学習過程のひとつ（図**15·3**）だからです。

食生活の学習は、まず自分が何を食べているのか、食生活を見直し、課題を明らかにすることから始まります。食生活の乱れや栄養バランスの偏りの原因は不規則な生活習慣、共食者のいない環境（孤食）、やせ願望など人それぞれです。ファストフード店の進展などが影響していることもある

図 15·3　家庭科における食生活の学習過程

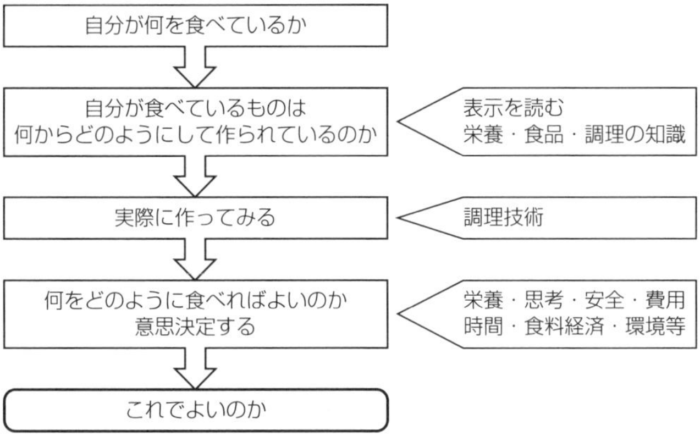

出典：鈴木（2015）より改編

でしょう。

次に、食べているものが何なのかを知る必要があります。食材に含まれている栄養素について理解し、何をどのくらい食べる必要があるのかを知らなければ、バランスの取れた食生活を送ることはできません。調理に関する知識や食品の表示から情報を読み取る力も必要になります。これらを理解し、実習で技能技術を身に付けるのです。また、食を選択する要因は、栄養バランスやおいしさだけではありません。食の安全についての問題（遺伝子組換え食品、残留農薬など）、食料生産と食料問題（食料自給率、バイオ燃料へのエネルギー移行、食品ロスなど）、環境負荷にかかわる内容（地産地消、フードマイレージなど）、日本や世界の食文化など、家庭科では食にかかわる課題を広く扱っています。

フードリテラシーを育成する

このように、家庭科教育では、食に関する知識と技能を習得して日常の食事を自立して営むことを目標として、自立のために必要な栄養・食品・調理の知識、調理技術だけでなく、意思決定の際に必要となる社会的視点を加えて総合的に学ぶことが求められてきました。海外では、このような内容について、**フードリテラシー**という概念を用いて食の学びの必要性を説明しています。

フードリテラシーという言葉を聞いたことがありますか？

教育に関するリテラシー概念は、もともと単に読み書き能力を示す単語であった「リテラシー」が、社会的に必要な教養という意味の「機能的リテラシー」という概念をもつようになり、さらに学習者とそれを取り巻く世界との相互作用によって知識や技能が機能するとした「相互作用的リテラシー」、学習者が現実を批判的に読み解くことを可能とする「批判的リテラシー」にまで概念を広げてきました。

フードリテラシーの定義は今のところ確立していませんが、2019年にカナダのオンタリオ州で定義されたものを紹介しましょう。そこでは、「食品と栄養の知識」「フードスキル」「自己肯定感と確信」を個人の要素、「エコロジカルな外部的要因」を社会的要素として位置づけ、これらをつなげるものとして**食品選択**という要素を設定してフードリテラシーを定義しています（図**15·4**）。

ここでの「自己肯定感と確信」とは食品、栄養、調理に対する自信のことです。また、「エコロジカルな外部的要因」には、食品の生産から消費までの流れのことを指す「フードシステム」や「健康の社会的決定要因」が含まれています。「健康の社会的決定要因」とは、社会経済格差がもたらす健康格差のことです。先進国では、貧困層は新鮮な食料品の代わりに安い加工食品を食べる傾向にあるために、富裕層よりも貧困層で肥満が多い、という話を聞いたことがあると思います。社会のあり方が私たちの健康を決めていると知り、行動することも必要である、ということです。このような広い文脈で食品や健康について理解することは、批判的フードリテラシーの視点が含まれているといえます。

図 15·4　フードリテラシーの枠組み

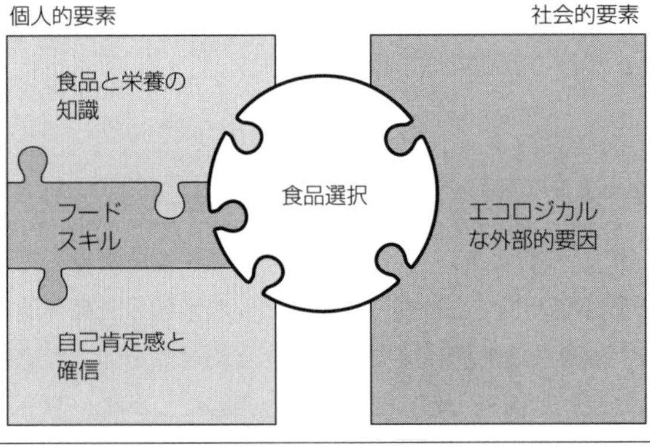

カナダオンタリオ州の Locally Driven Collaborative Projects, Healthy Eating Team の提案より（筆者和訳）

このようにフードリテラシーは、学習者に身近な栄養・食品・調理の知識・技能の習得から持続可能な社会を創造するために社会に働きかける力まで幅広い能力を想定しています。

食品ビジネス学の『種』を育てよう！

最後に、生涯にわたる食育も、学校での食生活教育も、個人で栄養や食品に関する知識を習得し、実践するだけではなく、社会との関わりも理解し、働きかけていく必要があるとしています。

食品ビジネス学もまさに農場から食卓までの食の流れ＝**フードシステム**を学び、日常的な「食」にかかわる問題から地球規模での食料・農業問題まで、「食」にかかわるさまざまな課題を深く掘り下げていく学問です。

本書を手に取ったみなさんは、食品ビジネス学というものに興味をもっていると思います。食品ビジネス学で扱う「食」の一端に、みなさんは高等学校ですでにふれています。また、食生活教育は家庭科に限らず多くの教科のさまざまな場面で行われています。各教科での学びを関連付けて考えてみてください。その姿勢こそが食品ビジネス学を学ぶ上で必要だと思います。繰り返し「食」にふれ、さまざまな視点から整理することによって理解が深まります。みなさんの中にある「食ビの種」を自ら学んで大きく咲かせましょう！　(清水友里)

〔課題〕

1. 食育の推進において、20 代の若い世代に効果的な情報発信の方法は、どのようなものがあるか考えてみましょう。
2. 家庭や職場で、どのような食育が実践できるのか考えてみましょう。

もっと知りたい人への〔推薦図書〕

1. 農林水産省『食育白書』各年次
   食育推進の取り組みをくわしく知りたい人へ。
2. 藤井美代子 制作・全国学校給食協会 原案『食育クイズ＆ワークシート集』全国学校給食協会、2015 年
   食育を実践するときのヒントに。

第16講 SDGsの世界で生きる

飢餓と食品ロスの併存は持続可能か

あなたは自分の生活は豊かだなあ、と感じていますか？　本書では何回かこの問いが投げかけられています。そして便利な生活を手に入れ、モノ以外の「コト」や「体験」によって、さらに充実した「気持ち」も手に入れつつあります。

そうした先に「自分」だけの便利さや豊かさだけでなく、「みんなが豊かになる」社会の構築を目指して、世界ではSDGs[*1]という目標を掲げています。このSDGsを視野に入れて、消費者にできることを考えてみましょう。

豊かさって何？

経済的に貧しい時代を経験している人にとっては、モノがたくさんあふれている生活は豊かにみえるかもしれません。しかしその一方で、生活環境や自然環境、人間関係の悪化が、精神的、肉体的にマイナスになることもあり、今日では、「豊かである」とは物的な豊かさだけを指してはいない場合もあります。

とくに2020年は新型コロナウイルスの影響で、それまでとは違い、思うように友人と会えない、いっしょに食事ができない、旅行ができない、といった物的な尺度とは別の、精神的な部分が揺れ動いた年であり、それは今も続いています。人間は、多くの人たちと繋がることによる安心感や安定感、先のことに見通しをつけて準備をするというリスク回避や期待感によって日々を継続できるのだと、改めて思い知らされました。

しかし、この密に会えないという現状は、誰にも降りかかった現実です。一方、

*1　SDGs（Sustainable Development Goals、持続可能な開発目標）：2015年9月の国連サミットで加盟国の全会一致で採択された「持続可能な開発のための2030アジェンダ」に記載された2030年までに持続可能でよりよい世界をめざす国際目標。
17のゴール、169のターゲットから構成され、地球上の「誰一人取り残さない（leave no one behind）」ことを誓っています。SDGsは発展途上国のみならず、先進国自身が取り組むユニバーサル（普遍的）なものであり、日本でも政府、各自治体や企業が積極的に取り組んでいます。

新型コロナウイルスに限らず、東日本大震災、それによる東京電力福島第一発電所の爆発にともなう放射能汚染、それ以外にも台風や地震によって大きな災害を経験することが多くなっています。

新型コロナウイルスだけでなく、こうした災害は、通常では表に現れにくい社会に潜んでいる弱い部分が、その弱さゆえに耐えがたくなり、失業や貧困などの負の側面が顕著に現れてきます。「誰一人取り残すことなく」みなが豊かになれるためには、すべての消費者が、消費者としての権利を守りつつも、その責任も果たさなければなりません。

世界中の食べ物は潤沢か？

人間も含めて生き物は、生きていくために食べ物が必要ですが、そういう意味では、日本は食べ物が豊かな国といえるでしょう。ただし、どうしても覚えておかなくてはならないことがあります。日本の食料の62%（熱量ベース）は海外から輸入している、という事実です。国内で自給できるのはわずか38%です。

ところが、**食料自給率**が38%しかない日本ですが、私たちは日常生活で食料が不足していると感じることはほとんどありません。不足どころか、むしろ食料、衣類、日用品、家電製品など、まだ使えるけどもう使わない、まだ着られるけどもう着ない、まだ食べられるけどもう食べないといって、かなりの廃棄物を出しています。食品に限ってみれば、年間2,250万tの廃棄物を出していますが、その4分の1近くの612万tは、まだ食べられるのに捨てられる**食品ロス**となっています。

では、食料自給率が低いにも関わらず、食品ロスを排出している日本のような国や地域がたくさんあっても、世界の食料は、みなに行き渡るほど豊かなのでしょうか？　表**16･1**をみてもわかるように、けっして世界中の人たちが、満足な栄養状態にあるわけではありません。この地球上には8億人以上の栄養不足状態の人たち（**飢餓人口**）がいるのです。

表16･1　世界の栄養不足人口（単位：百万人）

年	2005	2010	2015	2019
世界の栄養不足人口	974	822	786	925

資料：FAO，Food and Nutrition in Numbers，2019

食品ロスは日本だけでなく、こうした栄養不足人口を抱えつつ、世界的に発生しているのが実態です。FAOによる「世界の食料ロスと食料廃棄」（2011年）では、むだに捨てられている食料の存在をとらえ、それが貧困や飢餓、さらに環境に与える影響についての調査結果を報告しています。

世界で生産されている食料は、生産・加工・流通・消費など各段階で廃棄物を出しています。その廃棄物は、食べられない部分と、食べられるのに捨てられる部分（ロス）とからなっています。先進国では消費段階における食べ過ぎが肥満などの要因として指摘されていますが、食べずに捨てられてしまう食品ロスも消費段階で発生しています。一方、途上国では輸送・保管システムが未成熟で、末端まで食料が行き届かず、生産・流通段階での廃棄量が多く、消費段階での廃棄量はきわめて少ないのが実態です（図 **16・1**）。

図 16・1　世界の地域別 1 人当たり食料廃棄量

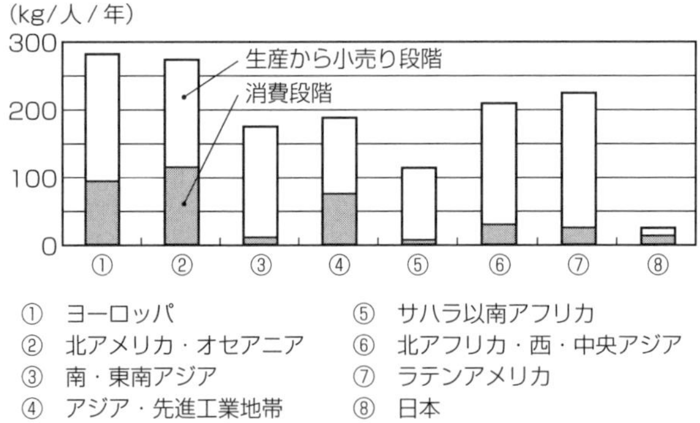

資料：FAO『世界の食料ロスと食料廃棄』2011 年

消費段階で大量に食料が廃棄される先進国と、最終消費までに到達するインフラが未発達で、圃場で廃棄され、栄養不足にある人々が多く存在する途上国。その実態を知った私たちは、どんな対策を講じることができるでしょうか。

日本の廃棄物政策

現実問題としては、栄養不足人口解消のためには食料生産が重要となります。しかし、世界の食料生産は非常に不安定な状況にあり、農業で生計を立てている人が多い地域では、自然条件による不作によって収入が激減することもあります。

近年は、単なる自然条件というよりは、人間の生産活動の結果として、地球温暖化などの環境問題があることは、すで知られているとおりです。そこで各国・地域では、国連のSDGsを世界共通の目標とし、**パリ協定**などの具体的な地球温暖化対策に取り組んでいます。日本でも、とくに1992年にブラジルで開催された地球サミットを契機として積極的な環境政策を展開してきました。地球温暖化や生物多様性の維持など、地球レベルの環境問題はニュースでもよく取り上げられていますが、さらに国内の重要な課題に廃棄物問題があります。

さきほど、まだ○○だけどもう○○しないといいましたが、私たちは日常生活の中で、まだ使えるものを大量に廃棄しています。1992年の地球サミットの翌年に、日本は**環境基本法**を制定し、こうした廃棄物への対応として循環型社会をめざすこととしました。なるべくリユースやリサイクルすることで廃棄物を少なくするよう、**循環型社会形成推進基本法**（2000年）を始めとして、さまざまなリサイクル法のもとで、廃棄物の削減をめざしています。何重もの容器と包装からなる商品が多い日本では、容器・包装の廃棄物はとくに深刻で、リサイクル関連法はほとんどが2000年の制定ですが、いち早く**容器包装リサイクル法**が1995年に制定・施行されました。

ところが、容器包装リサイクル法を制定したころのペットボトルの使用量を示した表**16･2**をよくみてください。

表16･2　ペットボトル使用量の推移（単位：千t）

年	1993	1995	2000	2005	2010	2013
生産量	123,798	142,110	361,944	529,847	594,689	578,706
回収量	528	2,594	124,873	326,714	428,745	529,031
回収率（%）	0.4	1.8	34.5	61.7	72.1	91.4
廃棄量	123,270	139,516	237,071	203,133	165,944	49,675

注：生産量は2005年以降は販売量
資料：食品産業センター「食品産業の主要指標」2005年、「PETボトルリサイクル推進協議会資料」

ペットボトルは、リサイクル法ができてからその回収率が急速に上がっており、施行前はわずか0.4%でしたが、近年では100%近くになっていて、この数字だけをみるとリサイクルの優等生です。ところが廃棄量をみてください。1995年の法律制定後も廃棄量が増え続け、制定前より減量したのは2013年になってからです。生産量が急増したためリサイクルが追いつかず、廃棄量が増加したのです。

ようするにリサイクル技術が確立されないまま、リサイクルありきとしたペットボトルの大量生産・利用によって、廃棄量は減少するどころか返って増えてしまい、廃棄物減少の優等生どころか、大量生産・大量消費を促進してしまったのです。リサイクルできるからどんどん捨てても大丈夫ということではなく、大量生産・大量消費そのものの見直しも必要でしょう。

食品廃棄物の実態

それでは、**食品廃棄物**の実態はどうなっているのでしょうか。表**16･3**に示したように、リサイクル法導入後も、日本の食品廃棄物は横ばい状態が続いていましたが、近年は減少傾向にあります。

これらの食品廃棄物を、家庭から出るものと食品関連事業所から出るものとに分類して、そのリサイクル状況を示したのが表**16･4**です。

排出量は事業系（メーカーとサービス業）のほうが多いのですが、事業系はリサイクル率が高く、家庭系をはるかに上回っています。家庭からの廃棄物は調味料が混入しているため、リサイクルが非常に困難です。一方、事業系でもとりわけ製造業からの廃棄物は原料そのままの野菜くずなどが中心で、肥料や飼料にしやすい状態で廃棄されます。

表16･3　食品廃棄物の推移（単位：千t）

年	2008	2013	2018
事業系	23,153	19,270	17,652
家庭系	—	8,224	7,771

注：家庭系は2014年と2017年の推計値
資料：農林水産省「食品廃棄物等の年間発生量及び食品循環資源の再生利用等実施率」，「令和元年度食品廃棄等の発生抑制及び再生利用の取組に係る実態調査」

表16･4　食品リサイクルの実績（単位：%）

年	2008	2013	2018
食品製造業	78.5	81.0	95.0
食品卸売業	52.1	53.3	62.0
食品小売業	32.8	37.7	51.0
外食産業	21.0	18.5	31.0
（家庭系）	—	6.7	—

注：家庭系は2015年の推計値
資料：農林水産省「食品廃棄物等の年間発生量及び食品循環資源の再生利用等実施率」

各種リサイクル法のなかでも食品リサイクル法は、家庭からの廃棄物を規制の対象としていません。しかし、今後さらに食品廃棄物を削減するためには、家庭から出る排出物に焦点を当て、かつ、困難なリサイクルではなく、捨てる量自体を減らしていくことが重要なポイントとなってきます。

なぜ家庭からの食品廃棄は多い？

ところで、農林水産省の推計値によって近年の家庭からの食品ロスについて、廃棄される場面ごとについてみたのが表 **16·5** です。家庭の食品はおよそ「調理前」と「調理中」と「食事後」でロスが発生し、それぞれ「直接廃棄」、「過剰除去」、「食べ残し」がそれに該当します。

表 16·5　家庭における食品廃棄量に占める食品ロス率（単位：%）

年	廃棄に占めるロス率	ロスの内訳		
		直接廃棄	過剰除去	食べ残し
2013	34.6	12.1	10.7	11.8
2015	34.1	9.9	10.7	13.4
2017	34.9	12.5	13.4	14.1

資料：表 **16·4** に同じ

一般的に、家庭からの食品ロスというと食べ残しが想定されがちですが、数値からは調理中も調理前も含めて、食卓に乗る前のロスの割合が意外と高い点が注目されます。その廃棄理由は表 **16·6** のとおりで（調査は 2007 年で終了）、自分の五感を使って食べられないことを確認してからの廃棄するという割合が 5 割以上と最も高いですが、表示期限が過ぎたという機械的な判断で廃棄した理由も 4 割以上です。

表 16·6　食品の直接廃棄理由（複数回答、%）

年	鮮度低下・腐敗	期限が過ぎた	色や匂い等の不安	中途半端な残り
2005	57.4	45.6	12.9	12.9
2007	55.4	41.0	23.0	14.9

資料：農林水産省『食品ロス統計調査報告書』

この点に注目してみましょう。日本における食品の**日付表示**は、1997 年に製造年月日表示から期限表示へと変更されています。日付表示は「いつできたか」を示すものから、「いつまで食べられる」かに大きく転換しましたが、この理由として、

①　食品の製造・流通に新技術がもちこまれ、これまでの経験知識では日もちの判断が難しい。

②　食品が多様化するにつれ、製造時点の特定が困難。

③　製造年月日表示が企業の過度な鮮度競争を招き、製造や輸送にむだや無理が生じる。

④　国際的にも**コーデックス**[*2]規格などでは期限

*2　コーデックス：消費者の健康保護、食品の公正な貿易等のための国際政府間機関。

表示が採用されている。

⑤　消費者にとっても食品の消費・品質保持期限といった情報は有用である。

などが指摘されています[*3]。ようするに、新技術・新製品の出現、鮮度競争によるむだ、グローバル化ですね。

近年、消費者の経験知では判断できない領域で、食品の品質保持期限を長期に保つ技術が開発され、ロングライフ食品なども販売されています。しかし、それら食品がもつ特性やその情報は、第**14**講でもみてきたように、なかなか消費者に伝わりません。そもそも**賞味期限**は過ぎてもまだ食べられる期日ですし、その期日の設定方法には法的拘束がなく、企業は独自の試験によって安全度の高い範囲で賞味期限を設定しています。一般的に、多くの食品企業では、品質が6か月保持できた場合、賞味期限はその半分の3か月とするなど、およそ半分の期限を設定していますが、消費者には積極的には知らされていないというのが実態です。

また、近年は、日付表示の併記によってわかる製造から賞味期限までの長さが気になるという声も出ています。現在では、期限表示を「年月日」から「年月」だけにして、その月いっぱいは期限内であることを示す表示が採用されつつあります。ぜひペットボトルの日付表示を手にとって確認してみてください。廃棄物を出さない、捨てないためには、食品表示のあり方にも工夫が必要となっています。

ところで、表**16·5**からは、食品廃棄物に占めるロス率がやや増加傾向にあるようで、とくに過剰除去の増加は調理技術と直結する場面であり、調理技術の伝承が必要になってきているといえます。また、食べ残しの割合も増えつつあり、ここは食の外部化（外食や調理済食品の利用）とあわせて考えると、家庭内調理での食べ残しと、外部化した食品の食べ残しに関する調査・研究が、消費者の廃棄行動に関する問題の解明に貢献できるかも知れません。

このように、食は毎日、誰にでもあることなので、社会で起きている食に関する課題はたくさんあります。そして、それだけみなで学びながら、その対応を考えていくこともたくさんあるのです。

---

*3　消費者教育支援センター編『消費者教育事典』有斐閣、p.288、1998年.

SDGsと向き合う消費者とは

捨てながら輸入するという矛盾した行為は、輸入のためにエネルギーを利用し、CO_2を排出し、廃棄物の処理のためにエネルギーを利用し、CO_2を排出するという、二重の環境負荷を地球に与えていることになります。そこで、これまでは廃棄物の削減のために、それをリサイクルすることによる対策が注目されてきました。

しかし、食べられるのに捨てられる「食品ロス」は、一方で増加する「栄養不足人口」と相反する行為となるため、近年、リサイクル以外にフードバンクやフードドライブ、流通慣行としての**3分の1ルール**の見直し[*4]、日付表示の年月表示化など、**食品ロス**自体を削減する政策が推進されています。

納品期限の国際比較

国	納品期限
日　本	2/3残し
アメリカ	1/2残し
イギリス	1/4残し
フランス	1/3残し
イタリア	1/3残し

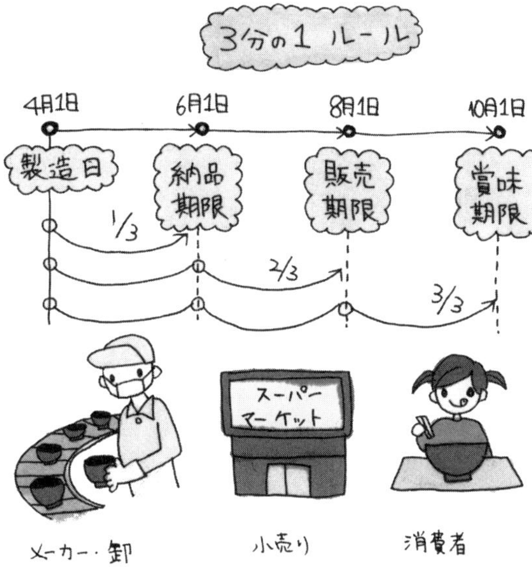

この**栄養不足人口**については、2015年に国連で決められたミレニアム開発目標として知られる**SDGs**の考え方のベースにあるものです。目標2の「飢餓をゼロに」に端的ですが、貧困ゆえに飢餓や水不足にあえぎ、健康や教育、安全や平和

---

*4　3分の1ルール：流通過程で、製造から賞味期限の3分の1の期日まではメーカーから出荷できるが、それを過ぎると出荷できず、小売店では3分の2の期日までは店頭販売できるが、それを過ぎると返品や廃棄の対象になるという慣行。近年これが食品ロスの要因になるとして2分の1ルールや値引き販売など、対応が広がっている。

が手に入らない地域があります。一方、モノが豊かにあっても、さらに豊かさを求め、資源や環境を過剰に利用し、場合によっては枯渇させる場合もあります。SDGsが謳う「誰もが取り残されることなく」、これからも持続的に人類が発展していけるような社会をめざすために、私たちには何ができるでしょう。

新型コロナウイルスの発生によって、健康・教育・貧困という問題は、より鮮明になってきていますが、自分には何ができるだろう、そして社会として何をすべきなのか、と問い続け、実践に移すのも消費者の重要な役割です。消費者の行動は社会を映す鏡といわれますが、消費者の一人一人の商品購買行動が、選挙における1票と同じように、当該商品やその製造、販売企業を支持する1票として経済社会では位置づけられます。どんな経営理念を掲げている企業の商品なのかを知ることで、購買行動に変化が生じることもあります。企業もSDGsを位置づけた経営を行うようになってきており、日々の1票という商品選択が、企業行動を通じてSDGsの17の目標へと近づいていくことになります。経済社会における消費者とは、そうした力をもつ存在だということです。　（清水みゆき）

〔課題〕

1. 本書から得られた知識は、SDGsのどの目標のために役立てることができるでしょうか。
2. 家庭からの食品ロスを削減するために、あなたにできることはどんなことがあるでしょうか。

もっと知りたい人への〔推薦図書〕

1. **井出留美著『賞味期限のウソ ― 食品ロスはなぜ生まれるのか』幻冬舎新書、2016年**
   食品ロスが発生するカラクリがわかります。
2. **暉峻淑子著『豊かさとは何か』岩波新書、1989年**
   人間にとって「豊かさ」とは何かを考えさせてくれます。

おわりに

人を幸せにする食品ビジネス学

「最も強い者が生き残るのではなく、最も賢い者が生き延びるのでもない。唯一生き残ることができるのは、変化できる者である」とは、ダーウィンの有名な言葉です。自らの強みを維持・強化して、時代の要請を含む環境変化に適合させて自らが変化すること、すなわち、「適者生存」を意味しています。

本書は、この適者生存である**食品ビジネス学科**の歩みと密接に関係しています。食品ビジネス学科は、1943年に創設された日本大学農学部・農業経済学科に端を発しています。当時は、学徒出陣式などの戦中戦後の物資不足とそれにともなうインフレの時代、食料難の時期となります。**農業経済学科**は、その理論的・実践的な教育と研究に主眼を置き、農業の指導的人材の育成を目的として創設されました。

その後、戦後の高度経済成長の時代を迎えた1968年、学科名称は**食品経済学科**に改称されます。1968年は、大塚食品の「ボンカレー」、日清食品の「出前一丁」が発売されるように、わが国の食が大きく変わりつつある時期でもありました。

「農業経済」から「食品経済」への名称変更には、加工食品や外食の増加を見越す消費者の視点、食料の生産・加工・流通・消費の諸問題に対する総合的な教育と研究など、その後の食の川上から川下を対象とする**フードシステム論**として体系化されました。

その後、約半世紀経った2010年、食品経済学科の教育・研究をベースに、新しい食を創造し、食の未来を追求する学科として「食品ビジネス学科」が誕生したのです。

食品ビジネス学を展開する食品ビジネス学科は、フードシステムを構成している川上の農林漁業から、川中の食品製造業、食品卸売業、川下の食品小売業、フードサービス産業、食料の消費や食文化、調理、フードコーディネートまでを幅広く学ぶものです。

それは、農村地域でコメを栽培・収穫し、精米などの加工を加えて、流通業者の手を介して、スーパーマーケットで袋に入ったコメが陳列され、私たちはそれを購入し、炊飯器でコメを炊き、おにぎりを握り、それを皿に盛り、おいしく頬ばります。この一連の過程、「農場」のコメから、おにぎりを食べる「食卓」までの幅広い過程を食品ビジネス学は対象としています。

図1　食品ビジネス学の3分野 ― 農場から食卓まで

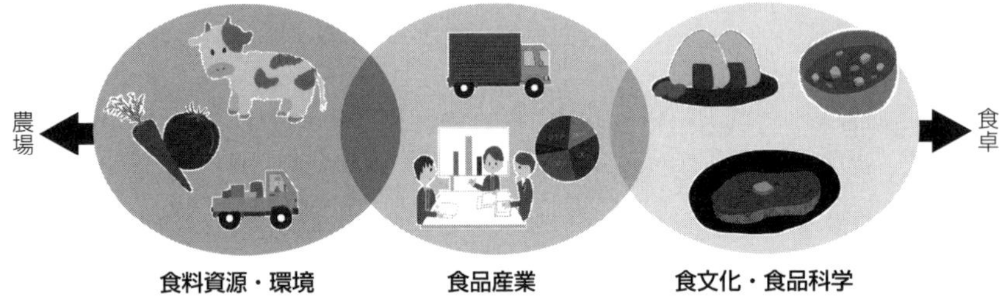

図1は、「農場から食卓まで」の食品ビジネス学が対象とするものを示しています。「農場から食卓まで」の過程は、大きく3つの分野、「食料資源・環境」「食品産業」「食文化・食品科学」で構成されています。食に関して幅広く、そして深く、取り巻く種々の事象を社会科学と食品科学の領域から教育・研究するのが食品ビジネス学となります。

また、「農場から食卓まで」は、「川上から川下まで」の一方向の流れを指すものではありません。たとえば「食品ロス」などに関わる資源・リサイクル問題などは、食料資源・環境分野だけに留まる課題ではありませんし、川上から川下の間を行ったり来たり、あるいは循環としてとらえておかなければなりません。

さらに、21世紀の私たち人間社会のありようを地球規模で考える「持続可能性」や「自然共生」などは重要な課題です。SDGs（持続可能な開発目標）では、貧困、飢餓、健康と福祉、教育、ジェンダー、安全な水など17の目標が設定されています。当然ながら、SDGsが掲げるこれらの目標も、食品ビジネス学の大切な課題となります。

食をめぐり、さまざまな事象が発生し、私たちの生活にも大きな影響を与えています。これらの課題を把握し、問題解決に向けて必要な知識や技能を習得し、これからの食のあり方などをしっかりと考察することが重要であるといえます。

食品ビジネス学が対象とする食に関する「幅広く・深い」学び（図2）は、すぐに時代遅れになる狭い分野の専門家を育てるのではなく、未来を担う食の専門家（プロデューサー）を育てることにあります。

図2　食品ビジネス学が対象とする食に関する「幅広く・深い」学び

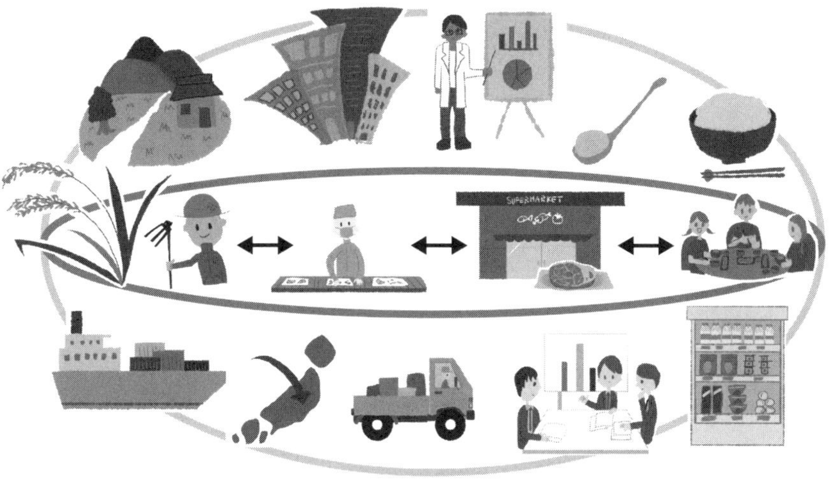

「田」の「心」と書いて「思」う、「人」を「良」くすると書いて「食」です。より多くの人をよくして、幸せにするよう、食品ビジネス学もまた、適者生存であり続けなければなりません。食品ビジネス学の学びを通じて、過去と今の食をみつめながら、食の未来を考える一助となれば幸いです。　（宮部和幸）

参考文献

オリエンテーション

1. 今村啓甫「稲作と日本文化の形成」東京大学公開講座『コメ』東京大学出版会，1995 年.
2. 中尾佐助『農業起源を訪ねる旅 — ニジェールからナイルへ』岩波書店，1993 年.
3. 河野友美『しょうゆ風土記』図書印刷，1974 年.
4. エリック・シュローサー著，楡井浩一訳『ファストフードが世界を食いつくす』草思社，2001 年.
5. 和辻哲郎『風土 — 人間学的考察』岩波文庫，1935 年.

第 1 講　食生活を変えたうま味調味料

1. 味の素株式会社編『味の素グループの百年 — 新価値創造と開拓者精神』味の素，2009 年.
2. 廣田鋼蔵『化学者池田菊苗 — 漱石・旨味・ドイツ』東京化学同人，1994 年.
3. 池田菊苗博士追憶会編『池田菊苗博士追憶録』池田菊苗博士追憶会，1956 年.
4. 協和発酵創立 50 周年社史編纂委員会編『それからそれへ — 協和発酵 50 年の軌跡と新世紀への礎』協和発酵工業，2000 年.
5. 日刊経済通信社調査部編『酒類食品産業の生産・販売シェア — 需給の動向と価格変動（各隔年度版）』日刊経済通信社，1977 年～ 2019 年.
6. J. A. シュムペーター著，塩野谷・中山・東畑訳『経済発展の理論（改訳）』岩波書店，1980 年.

第 2 講　即席麺登場

1. 安藤百福『苦境からの脱出』フーディアム・コミュニケーション，1992 年.
2. エーシーシー『麺づくり味づくり — 明星食品 30 年の歩み』明星食品，1986 年.
3. 創立 50 周年記念誌編纂委員会『競争と協調の 50 年 — 創立 50 周年記念誌』日本即席食品工業協会，2015 年.
4. 高野浩平・難波浩士編『テレビ・コマーシャルの考古学 昭和 30 年代のメディアと文化』世界思想社，2010 年.
5. 中川敬一郎他編『近代日本経営史の基礎知識《増補版》』「国内マーケティングの発展 — 製品計画，広告，流通機構」有斐閣，1994 年.
6. 日清食品社史編纂室『食足世平 — 日清食品社史』日清食品，1992 年.

第3講　ファストでコンビニエンスな食生活

1. 茂木信太朗『現代の外食産業』日本経済新聞社，1997 年.
2. 渥美俊一『フードサービス業チェーン化入門』柴田書店，2009 年.
3. 「外食産業を作った人々」編集委員会編『外食産業を作った人々』日本フードサービス協会，2005 年.
4. 佐藤昴『いつからファーストフードを食べてきたか』日経 PB 社，2003 年.
5. NHK 放送文化研究所世論調査編集部編『崩食と放食』日本放送出版協会，2006 年.
6. 坂口美佳子『コンビニのしかけ　なるほどデータブック 1』大月書店，2008 年.

第4講　海の向こうからやって来る

1. 阿久根優子・徳永澄憲「東アジアにおける食品産業の市場アクセスとサプライヤーアクセス：Redding and Venables（2003）の貿易関数に基づいて」『筑波大学農林社会経済研究』28 号，2012 年.
2. P. R. クルーグマン，M. オブストフェルド，M. J. メリッツ著，山形浩生・守岡桜訳『クルーグマン国際経済学　理論と政策〔原書第 10 版〕上・貿易編』丸善出版，2017 年.
3. 日本経済新聞「豚肉・ワイン，米が一人負け TPP 半年の日本市場経済」2019 年 7 月 30 日 23：00 配信.
4. Tinbergen, Jan（1962）. Shaping the World Economy Suggestions for an International Economic Policy. New York：Twentieth Century Fund.
5. United Nations, Comtrade Database，https://comtrade.un.org/.

第5講　「香り」の魅惑

1. 東原和成「嗅覚の匂い受容メカニズム」『日本耳鼻咽喉科学会会報』2015 年.
2. 熊倉功夫・伏木亨監修『だしとは何か』アイ・ケイ コーポレーション，2012 年.
3. Norio Miyazawa et. al., “Novel Character Impact Compounds in Yuzu（Citrus junos Sieb. ex Tanaka）Peel Oil.” J. Agric. Food Chem., 57, 2009.
4. 日本香料工業会ホームページ「香料統計」http://www.jffma-jp.org/profile/statistics.html（2021 年 2 月 12 日現在）.
5. 2013-017 Flavor & Fragrance Industry Leaders http://www.leffingwell.com/top_10.htm（2021 年 2 月 10 日現在）.
6. 藤森嶺編著『食品香粧学への招待』三共出版，2011 年.

第6講　いつまでも食べ続けたい

1. 日本フードコーディネーター協会『新・フードコーディネーター教本』柴田書店，2020 年.
2. 山野善正編『進化する食品テクスチャー研究』エヌ・ティー・エス，2011 年.
3. 中村丁次監修『健康の基本がわかる図解辞典』成美堂出版，2015 年.
4. 山田好秋『よくわかる摂食・嚥下のメカニズム』医歯薬出版，2008 年.
5. 大越ひろ・渡邊昌・白澤卓二『高齢者用食品の開発とその展望』シーエムシー出版，2012 年.
6. 谷米温子「高齢者施設における食事形態」『フードシステム研究』19 巻 2 号，2012 年.

第7講　アメリカ人は何を食べているのか？

1. マリオン・ネスル著，三宅真季子・鈴木眞理子訳『フード・ポリティクス 肥満社会と食品産業』新曜社，2005 年.
2. 加藤裕子『食べるアメリカ人』大修館書店，2003 年.
3. 亀井峻介編『アメリカ文化辞典』研究社出版，1999 年.
4. ダナ・R・ガバッチア著，伊藤茂訳『アメリカ食文化』青土社，2003 年.
5. 明石紀雄監修『21 世紀アメリカ社会を知るための 67 章』明石書店，2002 年.

第8講　インド人は何を食べているのか？

1. 辛島昇編『インド入門』東京大学出版会，1977 年.
2. ラッセ・ベルグ，リサ・ベルグ共著，森谷文昭訳『インド「緑の革命」と「赤い革命」』朝日新聞社，1973 年.
3. 石田保昭『インドで暮らす』岩波新書，1963 年.
4. J. ネルー著，辻直四朗等訳『インドの発見 上・下』岩波書店，1953 年.
5. 荏開津典生『「飢餓」と「飽食」— 食料問題の 12 章』，講談社選書メチエ 20，1994 年.
6. アマルティア・セン著，黒崎卓・山崎幸治訳『飢餓と飢饉』岩波書店，2000 年.
7. 長谷山崇彦「南アジア — インドのフードシステム」堀口健治・下渡敏治編『世界のフードシステム』農林統計協会，2005 年.
8. B. C. BARAH & SMITA SIROHI, AGRARIAN DISTRESS IN INDIA−PROBLEMS AND REMEDIES, CONCEPT PUBLISHING COMPANY LTD, New Delhi, 2011.

第9講　スローフードとは何か？

1. 青葉高『ものと人間の文化史 43 野菜在来種の系譜』法政大学出版局，1981 年.
2. 須田文明「フランスにおける地理的表示の活用：『味の景勝地』を事例に」『農業と経済』81 巻 12 号，2015 年.
3. スローフード国際本部 HP　http://www.slowfood.com/
4. 西川芳昭『作物遺伝資源の農民参加型管理 — 経済開発から人間開発へ』農山漁村文化協会，2005 年.
5. ブラート味覚教育センター『味覚の学校』木楽社，2012 年.
6. レナード・サルド「今世界に広がるスローフード運動」来仙記念講演録，2004 年.

第10講　フードツーリズムがもたらす可能性

1. 石毛直道・鄭大聲編著『食文化入門』講談社，1995 年.
2. 宇沢弘文『社会的共通資本』岩波新書，2000 年.
3. 藤山浩編著，有田昭一郎他著『「循環型経済」をつくる』農山漁村文化協会，2018 年.
4. 堀井秀之『社会技術論—問題解決のデザイン』東京大学出版会，2012 年.
5. 宮崎猛編『農村コミュニティビジネスとグリーン・ツーリズム — 日本とアジアの村づくりと水田農法』昭和堂，2011 年.
6. 安村克己・遠藤英樹・寺岡伸悟・堀野正人編著『よくわかる観光社会学』ミネルヴァ書房，2011 年.

第 11 講　安全な食料生産

1. 高橋巌「有機農業の地域展開とその課題 ― 埼玉県小川町の取組み事例を中心として」『食品経済研究』35，2007 年.
2. 木村秋則『木村秋則と自然栽培の世界』日本経済新聞社，2010 年.
3. 東京商工会議所編，アースワークス著『＜食・農＞エコリーダーになろう（農業・漁業編）』中央経済社，2011 年.
4. 中島紀一『有機農業政策と農の再生 ― 新たな農本の地平へ』コモンズ，2011 年.
5. 農水省生産局農業環境対策課『有機農業の推進について』2015 年.
6. 中田哲也『フードマイレージ』日本評論社，2007 年.

第 12 講　豊かな食料生産環境

1. 農林水産省「食料・農業・農村白書」各年版.
2. 今森光彦『里山を歩こう』岩波ジュニア新書，2002 年.
3. 筑紫哲也『スローライフ ― 緩急自在のすすめ』岩波新書，2006 年.
4. 辻信一『「ゆっくり」でいいんだよ』ちくまプリマー新書，2006 年.
5. 宮崎猛編著『これからのグリーン・ツーリズム』家の光協会，2002 年.

第 13 講　食用油が世界を救う？

1. IPCC, Climate Change 2013：The Physical Science Basis, Cambridge University Press, 2013.
2. 神村義則『食用油脂入門』日本食糧新聞社，2013 年.
3. Laurence G. S., Guy J. D. K., Philip J. J., Adrian G. W., “The greenhouse gas impacts of converting food production in England and Wales to organic methods” Nature Communications vol.10，2019.
4. 農林水産省『大豆をめぐる事情』2021 年.
5. 小野洋・松田裕子・野中章久・金井源太「再生可能エネルギー生産をとりまく課題」『食品経済研究』43 号，2015 年.
6. 温室効果ガスインベントリオフィス編『日本国温室効果ガスインベントリ報告書 2020』国立環境研究所，2020 年.
7. UFOP, “UFOP Report on Global Market Supply 2019/2020”, 2020.

第 14 講　なぜ食品偽装が起きる？

1. 岡野純司「景品表示法による不当表示規制の推移 ― 平成期を振り返って」『消費生活研究』第 21 巻 1 号，2019 年 8 月.
2. ジェトロ・ブリュッセル事務所「EU における食品添加物に関する規制」2014 年 3 月報告書.
3. 消費者庁「食品表示法第 6 条第 8 項の規定に基づく命令等の指針」2015 年.
4. 食品安全委員会 府食第 718 号「食品健康影響評価の結果の通知について」2017 年.
5. 食品安全委員会 添加物専門調査会「添加物評価書 加工デンプン」2007 年.
6. 内閣府令第四十三号「食品表示基準の一部を改正する内閣府令」2017 年 9 月 1 日施行.

第 15 講　食について学び続けよう

1. 農林水産省「食育に関する意識調査報告書」2020 年.
2. 秋永優子「家庭科で子どもたちの暮らしを明日へつなぐ ～ 食生活・食物学から ～」日本家政学会誌，66 巻 7 号，2015 年.
3. 鈴木洋子「実践力を育む家庭科における食の学び」日本家政学会誌，66 巻 4 号，2015 年.
4. 中西明美・衛藤久美・武見ゆかり「中学生の食に関するメディアリテラシー尺度の開発」日本健康教育学会誌，20 巻 3 号，2012 年.
5. 河村美穂「生涯にわたる基礎となる食生活教育 ― フードリテラシーの育成の観点から ― 教育改革の潮流と家庭科教育 7」日本家庭科教育学会誌，62 巻 2 号，2019 年.

第 16 講　SDGs の世界で生きる

1. 糸山知栄・石坂薫ほか『未来にツケを残さない ― フードバンクの新しい挑戦』高文研，2017 年.
2. 小林富雄『食品ロスの経済学』農林統計出版，2015 年.
3. 消費者教育支援センター編『消費者教育事典』有斐閣，1998 年.
4. 高橋正郎監修・清水みゆき編『食料経済（第 5 版）』オーム社，2016 年.
5. 米山けい子『からっぽの冷蔵庫 ― 見えない日本の子どもの貧困』東京図書出版，2018 年.
6. FAO『世界の食料ロスと食料廃棄』2011 年.

「食品ビジネス学」キーワード集

人を幸せにする 食品ビジネス学入門（第2版）

2016年10月25日　第1版第1刷発行
2021年 7月10日　第2版第1刷発行
2021年11月10日　第2版第2刷発行

編 著 者　日本大学食品ビジネス学科
発 行 者　村 上 和 夫
発 行 所　株式会社 **オーム**社
郵便番号　101-8460
東京都千代田区神田錦町3-1
電話　03(3233)0641(代表)
URL　https://www.ohmsha.co.jp/

印刷・製本　平河工業社
ISBN978-4-274-22737-0　Printed in Japan